居住与环境
住宅建设的环境因素

[日] 大内孝子 著

胡连荣 张 伟 译

U0323692

中国建筑工业出版社

著作权合同登记图字：01-2012-0894号

图书在版编目（CIP）数据

居住与环境：住宅建设的环境因素／（日）大内孝子
著；胡连荣等译.—北京：中国建筑工业出版社，2014.11
ISBN 978-7-112-17187-3

Ⅰ．①居… Ⅱ．①大…②胡… Ⅲ．①居住环境－环境设计
Ⅳ．①TU-856

中国版本图书馆CIP数据核字（2014）第189782号

Japanese title: Sumai to Kankyou
by Takako Ouchi
Copyright © 2010 by Takako Ouchi
Original Japanese edition published by SHOKOKUSHA Publishing Co., Ltd.,
Tokyo, Japan
本书由日本彰国社授权翻译出版

责任编辑：白玉美　刘文昕
责任设计：董建平
责任校对：陈晶晶　刘　钰

居住与环境

住宅建设的环境因素
［日］大内孝子　著
胡连荣　张　伟　译

＊

中国建筑工业出版社出版、发行（北京西郊百万庄）
各地新华书店、建筑书店经销
北京锋尚制版有限公司制版
北京画中画印刷有限公司印刷

＊

开本：880×1230毫米　1/32　印张：6⅛　字数：177千字
2015年1月第一版　2015年1月第一次印刷
定价：30.00元
ISBN 978－7－112－17187－3
（25973）

前言

我们人类为了生活得舒适，就要把活动空间生活场所中的光、热、空气、声音等环境要素整治好。而更重要的是充分理解这些环境要素，并在空间的构筑中发挥作用。

我们今天的生活，借助科技进步，由自然能源到人工照明、空调机等这些依赖能源的机械力量，使室内环境脱离外面的世界，变成人工开创的空间。其结果是过度地消耗能源正在危及地球环境的安全。于是人类开始重新考虑能源的利用，纠正无视环境安全的构筑行为，建造可持续性住房，为此从计划阶段就要着手研究如何采集、利用自然能源。

环境工程学是一门研究身边的环境要素与用于居住和生活的建筑物之间关系的学问，因为以光、热、空气、声音等物理现象为基础，所以要以物理学为中心进行说明，学到的东西如何具体地关联到日常生活上，往往不是当时就能理解的。

通过本书可以学习在构筑生活空间的基础上如何把光、热、空气、声音等环境要素与居住联系起来。首先，跨学科地把最靠近日常生活的关联要素汇集到复杂的环境工程学上来。为了让初学建筑专业的学生有一个最起码的了解，本书按不同的环境要素归纳出几个章节。

另外，为了让老龄社会的老年人能舒适地度过晚年，关于应该怎样安排他们的生活，各章都有相应的内容。为了加深对每章内容的理解，还在各章的末尾附加了简单的练习题。

在与公式相关的内容上，可按最低限的需要为练习题插入相关公式，数学知识掌握在高中生可以理解的程度。由于仅凭公式的说明很难理解，为此，通过代入具体数值则更通俗易懂。

本书的写作以居住为中心，但是在一级建筑师指定考试科目的环境工程学课程中，这些内容也可以作为教材使用。本书如果能为初学住房建设与环境设计的学生发挥些许作用，将不胜荣幸。

大内孝子

2010年8月

目　录

6章　住房与声音

1章

住房周围的环境

本章的构成与目标

1-1 自然与生活

所谓环境指的是我们周边的自然状况。住房是历史上形成的迎合周围的大自然及其大地、气候、风土的形式，在所处位置的土地上用方便顺手的材料营造起来的。学习日本的气候特征及风土，有助于了解历史形成的日本民宅建造过程。

1-2 现代居住与环境规划

科技进步不断改变着我们的生活，现代生活通过人工照明让我们得到所需的光亮，夜间也同样可以活动；夏天的空调、冬天的采暖让我们合理应对气温的变化；住房气密性的提高，保障了对个人隐私的尊重。可是，装修污染问题、不合理的人工照明带来的光污染和视觉疲劳等人工室内环境对人体的影响也日趋显现，还有噪音给邻居带来的反感等诸多问题。现代的住房要求我们对采光、通风换气、隔音隔热等各种环境要素，都要从适当的建筑角度去考虑应对。

1-1
自然与生活

1. 人·住房·自然环境

　　我们人类受自然环境左右的同时，又在利用环境追求居住的舒适。所谓环境就是环绕着我们人类或生物的状况，亦即与我们的意识和行为相互作用的外界。从广义上，环境又可分为自然环境和社会环境，这里主要讲述与人类生活密切相关的自然环境。

　　原始社会的人类和其他动物同样生存大自然的风雨中，为抵御寒暑、防备敌害就必须为自己筑"巢"，搭起避难所。不久，这种单纯用于保证安全的巢兼具了居住功能，设置了采光、通风用的窗口和通风孔，接下来人类又学会了种植等技能，找到了从自然界中获取资源的方法。

　　世界上存在各种带有地域色彩的住房，其使用的材料及外形都与当地的风土人情相关。人类使用身边的材料，建造符合当地气候特点的住房。在建筑材料方面，严寒地带通常采用冰雪、动物皮毛，而多雨的温暖地带使用其富足的木材，酷热的干燥地带则多采用晒干的土坯及烧制的砖瓦。不同的材料其搭建的方法也不一样，石材、砖瓦建成开洞较少的封闭性样式，由细长木材纵横搭建起来的木质结构则建成较开放的住房。封闭空间与开放空间用于居住的方法也不一样，各不相同的家族意识是主要原因。在气温较高的干燥地带，为了遮挡阻隔日射需要更厚的墙，窗口应设置小一些；高温潮湿地带则需要把住房架高、加大开洞的尺寸便于通风等适应气候条件的方法。

　　图1.1.1显示的是世界各地的部分住房。可以看到由于气候、风土、民族、文化的不同，形成的各种各样的住房。

图1.1.1　世界各地的不同住房

（a）雪屋（北美北极圈）
除了冰雪以外没有任何建筑材料的北极圈住着爱斯基摩人，他们用冰块、雪块堆砌成穹顶住屋。

（b）毡房（蒙古）
这是以移动放牧为基本生活方式的游牧民族的住房。游牧民族用动物皮革和木材建造的移动式帐篷。

（c）露出明木骨架的建筑（德国）
这是在木材丰富的英国、德国常见的住房。以搭起的木桁架为骨架，用泥坯或砖块堆砌填充成墙壁，黑色的柱、梁与白色墙壁之间的颜色对比给人留下朴素清新的印象。

（d）窑洞（中国）
在黄河流域很少降雨的黄土高原上，可用于建房的石材、木材奇缺，因此，人们往往利用地形凿洞而居。

（e）土坯的房屋（叙利亚）
在干燥的沙漠地带，当地人用黏土或土坯砌成墙，建造为了遮挡烈日的暴晒而开洞很小的封闭式房屋。

（f）高脚（水上）屋（泰国）
东南亚等热带季风气候地区，当地人将房屋地面高架起来以便下面能良好通风，同时还可以免遭洪水灾害。

2. 日本的住房

1 日本的气候

　　日本位于亚热带与亚寒带之间，国土从北纬24°的冲绳八重山群岛到北纬45.5°的北海道宗谷岬，是一个南北狭长的岛国。由于地球的地轴呈23°27′的倾斜，气候受来自南方流经日本近海的暖流和北方的寒流的影响，因此形成有明显变化的4个季节。国土的3/4是山地，充沛的降雨播惠河川、森林，孕育出优于其他国家的丰裕的风土。

　　图1.1.2为世界上几大城市一年当中平均气温和湿度变化的月份图。东京的夏季高温潮湿而闷热，冬季气温和湿度都很低，让人感觉比实际

气温寒冷。伦敦显示出与东京相反的倾向，如右下角所示，夏天气温高但湿度不大，不会闷热，比较好过，冬季气温低湿度大，因此感觉没有实际气温那么冷。与其他城市相比，东京全年气温、湿度变化比较明显。

2 日本的住房

受惠于丰富森林资源的日本利用木材、茅草、稻秸、泥土等建造适合其风土条件的住房。木结构住房采用开洞很大的开放型构造，是为了安度闷热的夏季，因此要把通风放在首位，可是又不适于寒冷的冬季。于是，技术上的进步又提高了其保温性和气密性，室内环境温度也因此得到了改善，如今木结构住房开始增多。

古时日本民居的形状与当地的风土、劳作密切相关，风大的地区要采取防风措施；降雪较多的地区屋顶要有大角度倾斜等，建筑应对大自然，形成了具有地方特色的住房形式。目前在居住方面，如何应对台风、大雪等极端气候现象仍是建筑上需要考虑的问题。为了了解居住与风土的关系，图1.1.3列举了几种特色民居。

图1.1.2 世界几大城市平均气温与湿度月份图

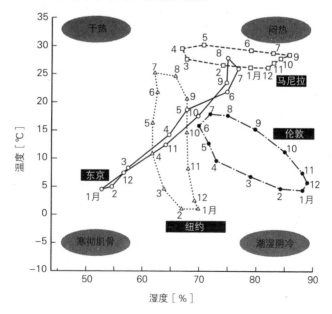

图1.1.3　日本民居的分布与形式

合掌结构（白川乡的民居，岐阜县）
分布于降雪较多的富山县五箇山、岐阜县白川乡，这种民居供大家族居住，其中的小屋可用来养蚕。

帽盔结构（田麦俣的民居，山形县）
用于养蚕的茅草四坡顶屋顶的山墙部分被分割开，2层、3层上装有通风、采光的窗口，因此形成这种形状。窗户开得较高是为了避免被积雪封堵。

平面曲尺结构（旧奈良家，秋田县）
常见于秋田县到新潟县的日本海沿海一带，平面看上去与L形平面房屋类似，带有马厩。叫做"中门"的突出部位设有主房、马厩等，作为出入口使用。据说，由于经常有积雪为便于出入而设置。

冲绳民居（冲绳县）
在冲绳、西南诸岛，为了防备台风中的暴风雨，屋顶的瓦要用灰泥粘牢，并筑起很高的石墙把房屋围起来。

L形平面房屋（旧工藤家宅，岩手县）
岩手县古时的南部藩领的L形平面房屋按L形分设有主房和马厩，出入口位于凹角处。据说这种设置源于藩主对养马者的奖励。

灶台形结构（旧平川邸宅，福冈县）
常见于佐贺县、福冈县、熊本县。房屋呈コ字形或ロ字形格局，据说这种造型是为了抵御台风季节的狂风。

高围墙结构（旧吉村家，大阪府）
双坡茅草顶的山墙侧局部苫瓦，山墙的墙面涂灰泥。常见于大阪、奈良，又称其为大和栋。

分栋民宅（旧作田家宅，千叶县）
广泛分布在从九州、冲绳到千叶、茨城的太平洋沿海一带。房屋分为主屋和素土地面房间，单设一间炉灶据说是为了防备台风时引发火灾。

1-2
现代居住与环境规划

1. 现代生活与居住环境的变化

■1 生活在变居住也在变

近代以来的住房建设随着经济发展及生活方式的变化而改变，其居住环境也相应地发生了变化，看看以下有哪些变化。

a. 敞亮的环境变化

人类最初的照明是依赖阳光、月光等自然光。学会用火以后以松明火把、篝火等木材的燃烧作为光源，随后又出现了方形纸罩座灯和可携带的灯笼，在里面点燃植物油灯、蜡烛等获取光明。随着科技的进步又用上了汽灯、白炽灯泡，后来出现了利用放电现象发光的荧光灯以及来自半导体的光源（LED），日本的住宅照明实现了照明装置使用电能，并以一室一灯的总体照明为中心。最初，优先追求的是亮度，不久，追求的目标已不仅限于亮度，在得到光明的同时还对舒适、宽松的光线氛围提出了新要求。现在，还要顾及对有限能源、资源的使用给**地球环境**带来的影响，按照房间的用途利用自然光来调整亮度，包括通过色彩产生心理效果的照明设计是面临的又一大课题。

b. 通风、温暖的环境变化

传统的日本住房每逢夏季都是靠较深的屋檐和挂竹帘遮挡阳光，以免过多的阳光进入室内；用竹、苇编制的透风的竹帘门替换拉门、隔扇以及通过洒水、纳凉等方法缓解暑热。表1.2.1列举了根据生活的变化、意识的变化、家族的变化、居住上的变化以及周边环境的变化，所采取的应对措施。技术的进步实现了室内环境的人工调节，空调与采暖的普及为我们提供了舒适恒温的环境。由于机械地控制室内环境并提高了能效，住房开始向高保温、高气密性转变。靠一个开关就可以管控室内温度、湿度的便捷生活给生活方式带来很大的影响。空调、采暖等家用电器的普及增加了家庭的电力消耗，与此同时发电造成的CO_2排放也在增加，因此加速了**地球温室化**的进程。

住在比较开敞的居所，可通过门缝等处来透风及通风进行自然换气，而生活方式的改变、住房气密性的提高导致室内通风不畅，空调和采暖产生结露现象还容易滋生**霉菌、螨虫**。封闭起来的室内空气污浊，堪称哮喘等过敏症剧增的诱因。室内装修大量使用的新型建材、粘接剂会给住宅带来**甲醛**等有机化学物质引起的"**住宅装修综合征**"等问题。

c. 声音上的环境变化

江户时代的长屋其住户之间的墙都是土墙，邻里间说话声、食物的气味都不可选择地互相流动。原本那些日本风格的木结构住房都是开敞型，外墙隔音性能很差，居室房间之间仅靠拉门或隔扇分开，并未顾及隐私和声响。第二次世界大战以后，由日本住宅公团（当时的都市再生机构）建设的公寓住宅虽然采用了钢筋混凝土结构，但当时对隐私和声响的意识淡薄，还谈不到门窗的气密性，房间间壁仍采用

表1.2.1　**取消夏季缓解炎热的措施的具体原因**

	洒水	竹帘	乘晚凉	改装门窗
生活的变化	没时间	改用窗帘·百叶窗、因为忙	其他人不做了、电视机的普及、没闲暇时间	不用大扫除
意识变化	节约用水、麻烦	管理很麻烦、没注意、说不清、夜里外面能看到屋里	不为什么、外出麻烦	管理上很麻烦
家族变化	缺少人手		孩子大了	缺少人手
居住上的变化		住房改建、改用铝门窗后用不着、		住房改建翻新后不再需要
周边环境变化	道路铺装		没有地方、近年来外面太热、车流激增	

隔扇。

随着20世纪60年代的经济起飞，交通量、建设工程量的增加，出现了**环境噪声**、**振动**干扰的问题。在钢筋混凝土结构的公寓住宅里，对来自邻居的声响，如住在上层的孩子的蹦跳、来回走动形成的**地板撞击声**、给排水管噪声等这类抱怨越来越多。由于铝门窗气密性的提高，减少了户外交通噪声等对室内的影响。而对安静这一空间质量的需求表现在市中心尤为强烈，室内过于安静，其结果又造成室外说话声、楼上的脚步声、空调室外机的噪声等日常生活中的声音都成了很刺耳的噪声问题。另一方面，公寓住宅里由于生活方式的改变，每人的起居时间不尽相同，常对夜里洗衣机、洗澡声音产生抱怨，特别是公寓住宅里日渐疏远的邻里关系，往往更促成这些抱怨的不断升级。看来不仅声响造成环境问题，怎样界定舒适性的合理边界已经形成一个新课题。

2 新问题与居住环境规划的必要性

当代社会对各种舒适性的需求都可以有效地通过人工环境给予实现，但随之而来的是人类对自然环境适应能力的下降，装修综合征、噪声等新问题接踵而至。

技术进步提高了居住的舒适性的同时，也给自然环境带来很大的负面影响。为了营造舒适的居住环境，就要积极利用环绕住房所需的环境（大自然以及城市的空气、热、光、水、声音），控制室内环境就要防止不需要的东西进入室内，为了把对矿物能源的利用压缩至最低限，重要的是从建筑的设计阶段就把室内环境考虑进去。如今已进入老龄社会，做计划不能忽略对老年人的生活起居、个人的身体功能的关照。

② 怎样设计住房的环境

1 居住环境（室内环境和周边环境）

居住要求具备安全性、健康性、便捷性、舒适性。居住的舒适性主要与周围环境相关。

图1.2.1表示住房周围的环境。人类处在地球环境的最内层，人们在住房这个人工环境中生活，这个环境就是室内环境，包括温度、湿度、日射、亮度（明亮度）、空气清洁度等要素。室内环境受住房周边气温、日射、日照、风等外部环境的影响。通过对不需要的日射、噪声等做遮挡，为获取必要的日照、通风等，以营造一个良好的环境。把室内环境与周边环境对应关联起来才是主要的居住环境。

而处在城市中的部分住房会受到其他大型建筑对日照的妨碍、大气污染、噪声、振动干扰等影响。此外还有近年来对纵横交错的广告装置、光污染等景观恶化的责难，这些人工环境叫做城市环境。城市环境的周围环绕着山川、江河、海洋和森林等自然环境，将其归纳起来即地球环境。住房（家庭）排出的垃圾，家电、车辆以及大厦的放热和CO_2排放都在加速地球环境的恶化。

② 为了营造舒适的居住环境

营造舒适的居住环境就要积极地从建筑的角度去应对采光、通风换气、保温、隔音等环境要素。另外，人类体感的舒适性中，分为与冷热感、视觉、听觉等相关的物理性舒适，以及受声音、颜色、形状等影响的心理性舒适，因此还需要双方面的考虑。

图1.2.1 住房周围的环境

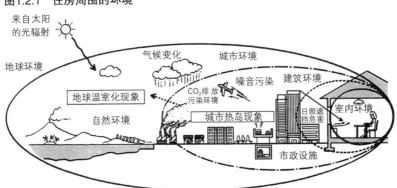

　　图1.2.2列出了住房的建筑设计与环境设计的关系。住房的室内环境设计中包括可满足居住的清洁、冬暖夏凉的自然采光以及通风设计，满足背光处也可以安全活动的照明设计以及满足心理安逸的色彩设计。此外还有向外排放污浊空气、吸烟的烟雾等污染物质、异味及水蒸气等所需的换气设计。而周边环境设计包括与住房日照有关的阴影范围、楼间距以及对来自交通、工厂等噪声的隔音设计等。另外，以CO_2为首的温室气体减排方面，对太阳能等自然能源的积极利用也是很重要的一项内容。

　　理解各环境要素的特性，在建筑设计阶段如何应对，才能达到设计目的也很重要。下一章将详细讲述各环境要素与居住之间的关系。

图1.2.2　居住的建筑设计与环境设计

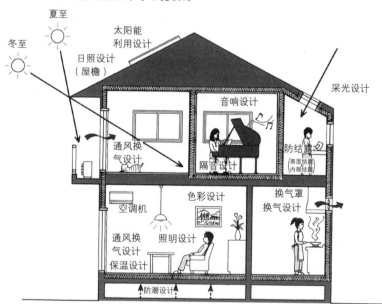

2 章

住房的日照、日射

本章的结构与目标

2-1 住房与太阳
太阳光包含光与热两个方面，是我们生活生存的主要能源，从地球与太阳的位置关系上找准太阳的朝向、高度，住房就可以得到有效光照。这一节学习求解太阳位置的方法。

2-2 住房的日照设计
通过对太阳光所形成的建筑物阴影的方向、形状的理解，在设计中就会注意到尽量减少光照较差的地方。理解什么是日影曲线及其读取方法，学习按照纬度决定楼间距的必要性。

2-3 住房与日射
太阳的热量逢寒冷的冬季要有效摄取，炎热的夏季则需要遮挡。这一节要了解住房的日射量如何根据方位变化。掌握利用屋檐、绿植等遮挡日射的方法，了解窗户玻璃的种类等，理解从窗面遮挡日射的方式方法。

2-1
住房与太阳

---

1. 住处的阳光

■1 住房与阳光

　　太阳放射出的电磁波是我们生活中非常重要的能源，可将其作为光和热加以利用。阳光的有效利用对健康舒适的住房至关重要，日照充足的住房白天室内明亮，冬天暖和夏天干爽感觉非常好。做住房设计时要按阳光的实际摄取程度，理解阳光有哪些特性，掌握不同季节、时刻太阳动态的变化。

■2 阳光的特性

　　太阳放射出的能量有不同的波长，各种波长的能量大小如图2.1.1的**分光分布**图所示。达到地球大气层外围的太阳辐射能其波长大约分

图2.1.1　太阳辐射能的分光分布

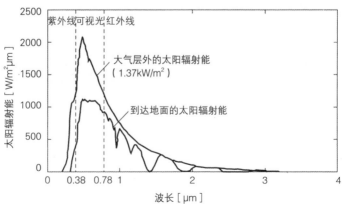

布在0.2~0.3μm（1微米=10^{-6}m）之间，其全部能量为1.37kW/m²（J_0：**太阳常数**）。太阳辐射能经地球的大气吸收，发散衰减后能到达地面的约0.3~2.5μm波长的能量，这些又分为人眼可见的**可视光线**和看不到的红外线、紫外线。可视光波长0.38~0.78μm，0.78μm以上的波长为**红外线**，0.38μm以下的为**紫外线**。通常我们所说的太阳光即可视光线部分。可视光线为住房的日照和天光照明所利用（参照第3-2节）。另外，所谓热线的红外线可作为热源，而具有较强化学作用的紫外线可促进体内维生素D的生成，促进新陈代谢，并且有助于杀菌。晒伤、窗帘的褪色以及物质的老化都源于紫外线，过分暴露在紫外线中有罹患皮肤癌的危险，对健康有影响。到达地表的太阳辐射能的比例，可视光线领域和红外光线领域大约各占50%，紫外线领域则很小。

2. 地球上所见到的太阳活动

如图2.1.2，地球呈23° 27′的倾斜角度，一边自转，一边围绕着太阳沿椭圆轨道以年为周期做公转。地球的倾斜轴形成了四季，依季节的不同日照程度也不一样。

以地球上的某一点为中心来了解太阳的活动更便于理解。如

图2.1.2　地球公转轨道与地轴的倾斜

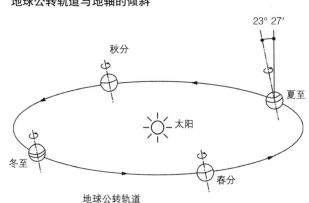

图2.1.3以某个点为中心想象出一个球，这个球面上方即表示太阳活动的天球。此图表示北半球的东京（纬度φ=35°）于夏至、春分、秋分、冬至时的太阳活动。天球上春分秋分的太阳轨道叫做天球的**赤道**，赤道面与季节中的太阳一天的轨道面形成的夹角叫做**地球赤纬δ**。地球赤纬处于春分秋分位置时δ=0°，夏至冬至时δ=23° 27′，这一角度与地球的倾斜相同。

3. 从地球上所见的太阳位置

为了让建筑有良好日照的房间，除了朝向、形状之外，研究屋檐调节日照的效果时还需要了解各季节的太阳位置。如图2.1.4所示，从地面看到的太阳的方位角（**太阳方位角α**）与地平面和太阳的夹角用**太阳高度角h**表示。太阳方位角以正南为0°，东侧（上午）为负值，西侧（下午）为正值。日出、日落的太阳高度角h=0°，太阳处于正南位置的**南中时**（α=0°）太阳高度角叫做**南中高度角**。

一天当中对每一时刻的太阳位置（太阳方位角和太阳高度角）从平面上的描述叫做**太阳位置图**。各纬度上太阳的位置不同，因此太阳位置图要按纬度使用。图2.1.5是东京的太阳位置图，只要知道日期和时刻就可以读取到太阳方位角和太阳高度角。从南中时到下一个南中时的一天叫做太阳日，把太阳日24等分，南中时作为12时这一时刻用太阳时来表示。由于地球的公转轨道为椭圆形，一年中太阳日的一天长度并不一样，这一区别带来很大的不便，为此可假设一个把一天的长度固定下来的平均太阳日，将一年中的太阳时平均后的时刻就作为**平均太阳时**来使用。把太阳时与平均太阳时的差平均起来就叫做均时差［分］，一年当中要产生±15分的差，均时差为0分的日子一年中要出现4次。平均太阳时依纬度的不同而不同，所以，每个国家或地区都以特定纬度的平均太阳时决定标准时。日本的标准时（中央标准时）使用的是东经135°位置上的兵库县明石的平均太阳时，图2.1.6是太阳位置图的读取方法。

图2.1.3　天球上的太阳日周轨道

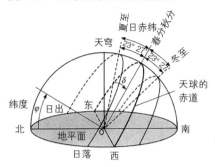

图2.1.4　太阳的位置

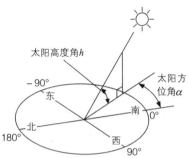

南中高度角h，如以φ为纬度，
春分秋分时：h=90°－φ
夏至时：h=90°－δ+23°27′
冬至时：h=90°－δ－23°27′

图2.1.5　东京的太阳位置图（球极投影）

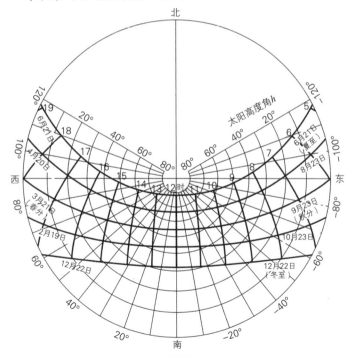

太阳方位角α

图2.1.6　太阳位置图的读取

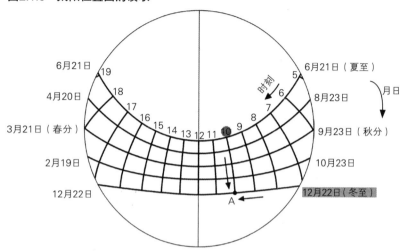

① 求出对象日期与时刻的交点。
比如，求12月22日（冬至）的10时，12月22日横向的曲线与10时纵向的曲线的交点A。

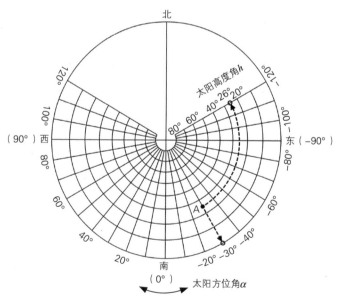

②由交点A求太阳高度角h和太阳方位角α。读取太阳高度角h=26°、太阳方位角α=-30°

2-2
住房的日照设计

1. 日照和日影

住房周围如果有其他建筑物，该建筑物遮挡阳光就会留下（阴影）日影，这类影响根据季节和时刻有所不同。为了获取充足的日照就要避免住房过于密集而遮挡阳光。相邻建筑物之间保持足够的间距才能确保得到日照，同时，还可以提高采光、通风以及临窗眺望时的开阔感，外部环境和室内环境都同时得到改善。朝阳换言之即**日照**，所谓日照就是直射日光或接受这一日光的过程，就我们的健康及住房的舒适度而言日照很重要。

1 日照的时间

在建筑物日照设计基础上的**日照时间**指从日出至日落这一**可照时间**中减去因建筑物产生日影的时间（日影时间）所得的差。日照时间因季节有所不同，冬至这一天最短。而气象学上的日照时间指一天当中实际受到直射日光的时间，其长短受天气左右。《建筑基准法》对居住用地等地区内的中高层建筑物的高度、形状有规定（该法第56条、第56条第2款），给相邻地块造成日影的时间不能超过一定限度。不属于居住用地地区日影规定范围的住宅，依其建筑面积比、建筑容积率及高度限制，不能给邻接住房的日照造成影响。

2 日影曲线的读取方法及日影图

中高层公寓住宅建筑物的日照时间，可通过日影曲线或阳光照射曲线进行研究。这一节将对常用的日影曲线予以说明。日影曲线就是基准长度 $l=1$ 的木杆于直立状态其顶端在平面上描出的影子的轨

图2.2.1　全年的水平面日影曲线（东京）

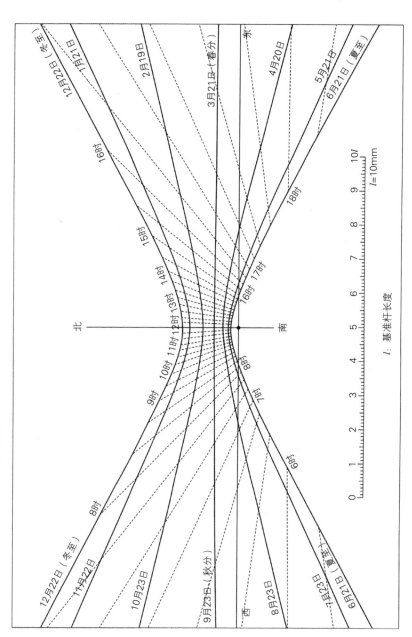

图2.2.2　基准杆影子的朝向与长度（东京，冬至，15时）

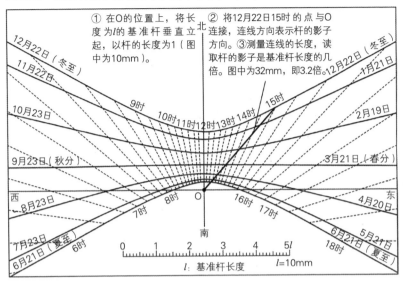

图2.2.3　建筑物的影子及朝向（东京，冬至，15时）

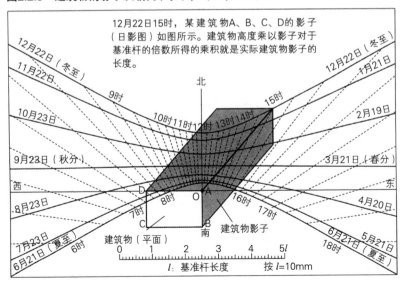

图2.2.4 建筑物的影子与日影曲线的关系

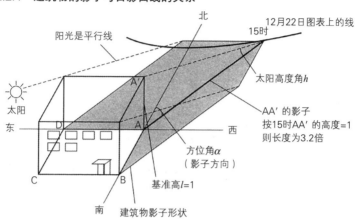

迹。如太阳位置图所示那样，不同纬度太阳的高度角也不一样，所以该图按纬度制作。东京全年的日影曲线归纳如图2.2.1。图中以12时为中心成左右对称。从日影曲线可以读取某一时刻建筑物影子的长度和方向。

图2.2.2为求解基准杆的影子长度和方向的方法。比如，以①冬至的15时为对象，②杆的影子长度就是中央的O点与12月22日（冬至）日影曲线上的15时的点连线的长度。③其长度如用下图的标尺测量，可求出杆的影子长度为基准杆长度的3.2倍。按同样思路如图2.2.3求得的某方形建筑物影子的形状和方向。图2.2.4中的建筑物各点的影子落在日影曲线上时，就可以求出影子的形状和方向。具体到一个建筑物时，其影子长度等于建筑物的高度乘上基准杆的倍率。

日影图通常描绘的是白天直射日照之下建筑物影子的变化。图2.2.5为按1小时间隔描绘的东京各季节的日影图，由此图可知，即使同一建筑物在不同季节形成的影子也不一样。东京的春分秋分的影子北侧成一直线，冬至时建筑物北侧会形成较长的影子，日影曲线也正是这样依季节而不同，所以，就以日影最长的冬季作为研究的参照基准。而图2.2.6是将成影时间相同的点连起来的日影时间图，可用于研究建筑物对日照的遮挡以及成影部位、遮挡时间。日影图要依据实际建筑物的朝向、形状等数据，制作起来很复杂，可利用计算机制作。

3 岛日影与终日日影

随着与建筑物的距离拉长，一般日影时间就会缩短，如图2.2.7所

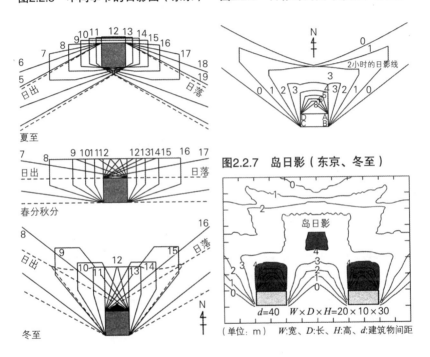

图2.2.5 不同季节的日影图（东京） **图2.2.6 日影时间图（东京、冬至）**

夏至

春分秋分

冬至

图2.2.7 岛日影（东京、冬至）

岛日影

$d=40$ $W×D×H=20×10×30$

（单位：m） W:宽、D:长、H:高、d:建筑物间距

图2.2.8 建筑物的形状、朝向与终日日影

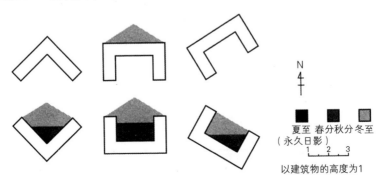

夏至 春分秋分 冬至
（永久日影）

以建筑物的高度为1

示，建筑物呈东西向排列时，双方的日影重叠，离开建筑物的部位往往日影时间长，这就是前面所说的**岛日影**。

终日得不到日照的场所叫做**终日日影**。图2.2.8为根据建筑物朝向和形状、不同季节形成终日日影的地方的举例。如果夏至时形成终日日影则全年都不会有日照，这就叫**永久日影**。这种地方给人昏暗压抑的感觉，因此做建筑物设计时就要考虑好如何避免永久日影。

2. 邻栋间距

公寓住宅等高层建筑按南北方向连栋建设时，为了让北侧的建筑物也能得到日照，需要考虑建筑物之间留出距离，即**邻栋间距**。图2.2.9表示冬至的日照时间与南北之间邻栋间距比的关系，在东京要满足4小时的日照时间，按建筑物高度h［m］、南北之间的邻栋间距d［m］计算，如图d/h（南北邻栋间距与建筑物高度之比）可达到1.8。建筑物的高度$h=10m$时邻栋间距为$d=18m$。而处在纬度高于东京的札幌，要得到4小时的日照时间，图中的d/h就变为2.7，如建筑物高度$h=10m$，邻栋间距就变成了$d=27m$。为了得到同样的日照时间，纬度越高就越需要拓宽邻栋间距，如果不能保证足够的邻栋间距，南侧建筑物就要降低高度，适当研究配置。

图2.2.9　南北邻栋间距比与冬至的日照时间

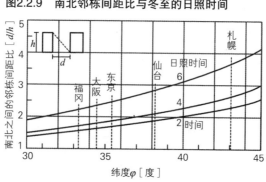

2-3
住房与日射

1. 日射与反射

大气层外围的阳光垂直照射面上 $1m^2$ 所受到的太阳辐射能为 $1.37kW/m^2$（J_0：太阳常数，参照2-1节）。到达大气层外围的太阳能各波长的占比为：紫外线约9%、可视光线约46%、红外线约45%，最终都变为热能。将太阳能作为热量捕获就叫做**日射**。

1 直达日射与天空日射

太阳辐射能从大气层外围穿过大气层后到达地表，这期间有一部分已经被大气中的空气分子、浮游微粒分散，被水蒸气、二氧化碳、臭氧吸收，还有一部分被云层反射掉了。其结果，太阳直射到达地表的称作**直达日射**，分散后从整个天空再送往地表的叫做**天空日射**（图2.3.1）。直达日射（量）和天空日射（量）之和叫做**全天日射**（量）。直达日射量和天空日射量均受纬度、季节、天气、大气的影响，太阳高度越高、云量越大（大气穿透率低）天空日射量越大，阴天时只有天空日射。

当直达日射量为 J_D [kW/m^2]、太阳常数为 J_0 [kW/m^2]，大气透过率 P 为达到地表的直达日射量与太阳位于天顶时的太阳常数的比值，即 $P=J_D/J_0$ 来表示。P 是用来表示大气透明度的指标，日本的 $P=0.6\sim0.8$，这一数值冬天比夏天大，郊外比市区大。

2 地表辐射与大气辐射

在被日射温暖过的地表与大气之间，可获取热量。地表因日射而被加热，于是对大气进行着高于红外线领域的热辐射。这一过程叫做

地表辐射。另外，大气中的水蒸气、二氧化碳还会吸收太阳辐射热的部分红外线和地表辐射。大气通过这些被加热，红外线部分的热能向下释放，这些向下对地表的辐射称作**大气辐射**。向下的大气辐射和向上的地表辐射之差叫做**夜间辐射**，在没有日射的夜里这种辐射作用明显，白天也在发生这种辐射（图2.3.1）。地球表面天光将这一热平衡温度保持在平均15℃。

大气中的水蒸气、二氧化碳如果增加，热平衡时的地球表面平均温度会上升，如果没有大气，地球表面的平均温度会降至–18℃。这些大气给地球带来的升温效果就是**温室效应**。

2. 不同方位的日射量

太阳随着季节变化发生移动，住房的各方位接受的日射量也有很大变化。图2.3.2为按时间单位表示东京的夏至与冬至水平屋顶及垂直

图2.3.1 日射的分类

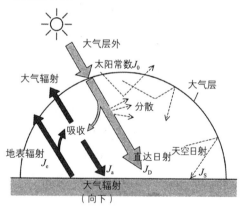

- 全天日射量=直达日射量+天空日射量。用J_D+J_S表示。
- 夜间辐射量=地表辐射量–大气辐射量。用$J_e–J_a$表示。
- 太阳常数J_0：大气层外围阳光垂直照射面上1m²所受到的太阳辐射能。
  $J_0=1.37kW/m^2$
- 大气透过率P：直达日射量/太阳常数。$P=J_D/J_0$（太阳位于天顶时）。
  用来表示大气透明度，透过率越大直达日射越强，天空日射越弱。冬季透过率高于夏季（透明度高）。

图2.3.2　夏至与冬至水平屋顶及垂直面（墙面）所接受的日射量（东京）

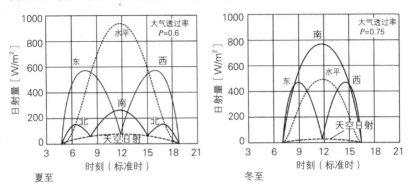

夏至　　　　　　　　　　　　冬至

的墙面所接受的日射量。夏至时太阳高度升高，对水平面的日射量非常大。对东西面的日射量更大于早晨和傍晚，所谓西晒的高温正是出自于此。而对南面的日射量较小，约为东西面的1/2左右。冬至时南面的日射量大于水平面，是一天中的最大值，所以，通过对窗口位置的合理设置可以增加室内的日射量，并因此减少采暖的能耗。

3. 日射的遮挡

1 遮挡日射的基础

要得到舒适温暖以及合理采光的住房，有关建筑物的形状、窗口位置和大小、遮挡日射的细节等都是计划、设计中的主要环节。夏天住房的外墙、窗口处的日射要尽量遮挡，冬天室内要尽量多地接受日射。这样就可以减少采暖、空调的使用，节省能源。

遮挡日射的基本点在于提高外墙和屋顶的**日射反射率**及**隔热性**。窗口的日射热获取量大于外墙等部位，所以，要从窗口的朝向及**屋檐**等方面采取措施。外墙采用白色、灰白色这种明亮色，凭其较大**反射率**可以降低日射吸收，减少日射获取量，节省空调的能耗。另外，利用藤蔓植物做**墙面、屋顶绿化**也有同样效果。相反，外墙如果使用日射吸收率大的黑色或暗褐色，则可以削减采暖的能耗。这些要根据建设住房的地区特性进行研究。

　　如图2.3.2所示夏天东西面日射量变大，南面日射量变小，冬天的室内需要日射，相反，夏天则需要遮挡日射，这时，日射量大的东西面就应该尽量避免设窗口，如图2.3.3那样，做住房设计时要尽量在南面多开设窗口，由于南面冬天的日射量大，因此可以减少采暖的能耗。

　　绿植可以提高周围的环境质量，还可以用于调整日射。东、东南，西、西南如果种植落叶树种，冬天室内的日射不受遮挡，夏天树荫扩展又可以遮挡日射（图2.3.4）。另外，夏天的南面到中午时太阳高度角约78°，绿植已很难再起到遮挡作用，这时就要通过屋檐等建

图2.3.3　住房的配置（仓刘隆《初学者的建筑讲座 建筑环境工程学》市谷出版社，2006年。以下对该书的引用汇集在卷末）

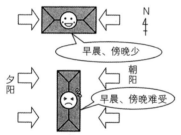

东西向较长的建筑物夏至时东西面日射量少

图2.3.5　南面的屋檐效果

不同季节的中午，
日射从南窗进入的
深度（北纬35°）

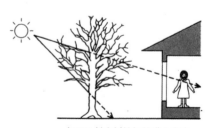

图2.3.4　利用绿植调整日射

夏天树叶可遮挡日射　　　　　　冬天日射由树枝间隙进入室内

筑上的元素来调整日射。南面的日射调整比东西面简单。如图2.3.5所示，需要充分研究屋檐、窗户的形状、高度等因素。

2 由窗面遮挡日射

阳光照射到窗户玻璃上时，如图2.3.6所示有一部分被玻璃表面反射掉，还有一部分被玻璃吸收，其余的透入室内。其中被吸收的热，有些用于室内升温，另有一些又向室外辐射出去（二次辐射）。透过玻璃的热与室内二次辐射出去的热合计称作日射热获取量，与入射热量的比称作**日射热获取率**（日射侵入率）η（伊他）。而在室外被反射掉的热量与被吸收后向室外二次辐射的比称作**日射热去除率**。

窗面遮挡日射可采用提高玻璃隔热性能或加遮帘的方法，也可以两者并用。使用日射透过率小的玻璃或被玻璃吸收的热很少再向室内辐射的玻璃，可提高玻璃的隔热性能（抑制日射向室内侵入的性能）。用于减小日射透过率的玻璃有：在玻璃表面热覆一层金属氧化膜用来反射日射的**热线反射玻璃**（半透半反镜）；在玻璃组织内部添加微量金属成分使其着色，由其吸收热量，抑制透过率的**热线吸收玻璃**。这些玻璃具有较强的隔热性能，但减少了采光和冬天的日射量，所以不适合住宅使用，住宅适于使用**复层玻璃**。

图2.3.7为复层玻璃的断面图。一般复层玻璃是将两块玻璃板中间

图2.3.6 通过窗口部位的热量

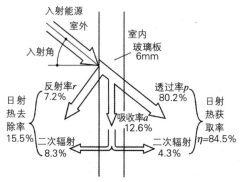

依入射角的不同反射率r、吸收率α、透过率p都不一样，r+α+p=1。图中数值为垂直入射的情况下。

图2.3.7 复层玻璃断面图

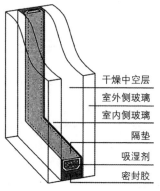

- 干燥中空层
- 室外侧玻璃
- 室内侧玻璃
- 隔垫
- 吸湿剂
- 密封胶

封入干燥空气，里面这层空气层可提高隔热性能，减少日射热的获取率，并因此节省空调、采暖的能耗，室内侧的玻璃表面也很难再**结露**。如果再进一步减少室内侧的二次辐射，还可以将复层玻璃的一层改用**Low-E玻璃**（Low Emissivity：低辐射）。Low-E玻璃的表面覆有一层氧化锡或氧化银等特殊金属膜，利用Low-E膜的低辐射效果抑制对室内的热辐射，Low-E玻璃对透明度的影响不大，适于住宅使用。图2.3.8为不同组合结构的玻璃在隔热性能上的区别，从图上可知，由单层玻璃到复层玻璃、再发展到Low-E玻璃，日射热获取率正在逐渐减小。

为了遮挡日射，一般要从玻璃的室内侧或室外侧张挂遮帘。从室内侧遮挡时，如图2.3.9所示，通过百叶窗、窗帘、隔扇等可将日射热获取率降低至0.5左右，还可以如图2.3.10那样，在室外侧设置百叶窗、遮蓬、房檐以及竹帘等遮挡日射。从3mm厚玻璃的窗外侧设置遮蓬时，可达到0.1~0.3的日射热获取率，比从室内侧加挂窗帘等防日射效果更佳。百叶窗装在室内或室外对日射遮挡的不同效果如图2.3.11所示，由此图可知，装在室外侧日射热获取率小，有较好的遮挡效果。

设置遮蓬时，要根据设置方位及日射角度做选择，如果装在外面还要综合考虑维护性和耐久性，尤其是外装百叶窗时要采取防强风措施。

图2.3.8　玻璃隔热性能比较

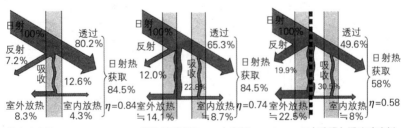

图2.3.9　室内侧遮挡日射的方法

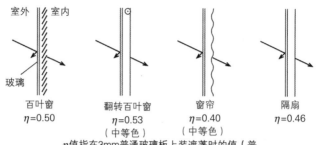

百叶窗
$\eta=0.50$

翻转百叶窗
$\eta=0.53$
（中等色）

窗帘
$\eta=0.40$
（中等色）

隔扇
$\eta=0.46$

η值指在3mm普通玻璃板上装遮蓬时的值（普通3mm玻璃板的日射热获取率为$\eta=0.86$）

图2.3.10　窗部遮挡日射的方法

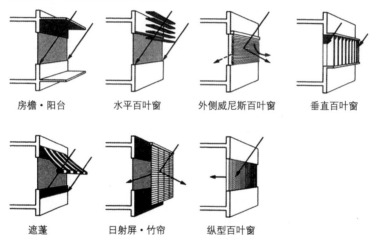

房檐·阳台　　水平百叶窗　　外侧威尼斯百叶窗　　垂直百叶窗

遮蓬　　日射屏·竹帘　　纵型百叶窗

图2.3.11　百叶窗遮挡日射的效果

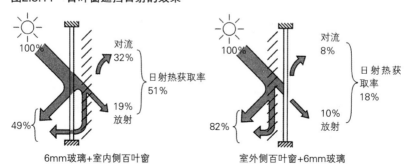

6mm玻璃+室内侧百叶窗　　室外侧百叶窗+6mm玻璃

整理与练习题

请回答以下问题，[　　]内需要填空，或选择里面的正确选项。

问1　① 用图2.1.5的东京太阳位置图，求10月23日15时的太阳高度和太阳方位角。

②此时，影子长度是建筑物高度的几倍？用图2.2.1求解。

问2　日照设计中从日出到日落，从 [①] 减去日影时间所得结果叫做 [②]。

问3　研究建筑物的日影时，可使用 [①]，以北侧日影影响更大的 [②] 为基准。

问4　夏至时变为 [①] 的位置，是全年无日照的地方，变为 [②]。

问5　建筑物按南北向连栋建设时，[①] 越高的地区邻栋间距越大。在福冈为了确保4小时日照，邻栋间距要达到建筑物高度的 [②] 倍（用图2.2.9求解）。

问6　直达日射与天空日射的和称为 [①]。而云量越多 [②] 越小，天空日射量越大。

问7　冬至时南面垂直墙面受到的直达日射比夏至南面墙面的日射量①[大、小]，比冬至时水平面受到的日射量②[更大、更小]。

问8　[①] 与1块玻璃相比，因玻璃之间的空气层提高了隔热性能，由于减小了 [②] 可节省空调采暖的能耗。

问9　用于日射遮挡的百叶窗①装在 [室内侧比室外侧、室外侧比室内侧] 日射热获取率小，日射遮挡效果更好。

住房与光

本章的构成与目标

3-1 光的性质
我们通过眼睛这一过滤器感受到光。为了营造舒适的光环境，就要了解眼睛的构造和光亮反应的原理。而光的方向、亮度不同看到的感觉也不一样。此外还必须考虑年龄因素等造成的影响。

3-2 自然照明设计
住房摄取太阳光时，要研究如何遮挡不需要的直射日光以及白天光照率，考虑窗户的形状与位置、面积大小等问题。掌握室内靠里侧、无光照房间和地下室的采光方法。

3-3 人工照明设计
我们的生活离不开人工照明，依灯具的不同种类及色温，可视性和舒适性都有变化，不仅亮度，气氛照明等空间质量方面的计划也很重要。保证视力较差的老年人的照明也是提高其生活质量的主要一环。

3-4 色彩设计
颜色因光的反射率及波长让我们的视觉感受产生变化。用符号表示颜色，可方便平时再现同一颜色，通过颜色的组合、使用面积的大小等，颜色的观察方法和印象都会改变。利用颜色的特性及其效果是学好色彩设计的基础。

3-1
光的性质

1. 光的感知

1 感受光、色的原理

进入眼睛的光刺激**视网膜**，因此让我们感受到光亮、形状及其颜色，这种感觉叫做**视觉**，人们通过视觉获取大量信息。人的眼睛如图3.1.1所示，由虹膜调整进光量，晶状体为影像聚焦，在视网膜上成像。视网膜把收到的信息转换成信号，经视神经传输给大脑，在视觉区做详细处理后形成知觉。

视网膜的感光细胞分为锥体和杆体两种，锥体集中于视网膜的中心部，通常对强光有反应，可感觉形状和颜色。锥体在长波长域、中波长域、短波长域，按感度的峰值分为L锥体、M锥体、S锥体三种锥细胞，通过这些细胞可以辨别颜色。而杆体在视网膜整体都有分布，可以对弱光线有反应，使我们在暗处也可以看到东西，但是，这种细胞不能分辨细部和颜色。

图3.1.1　眼睛的构造

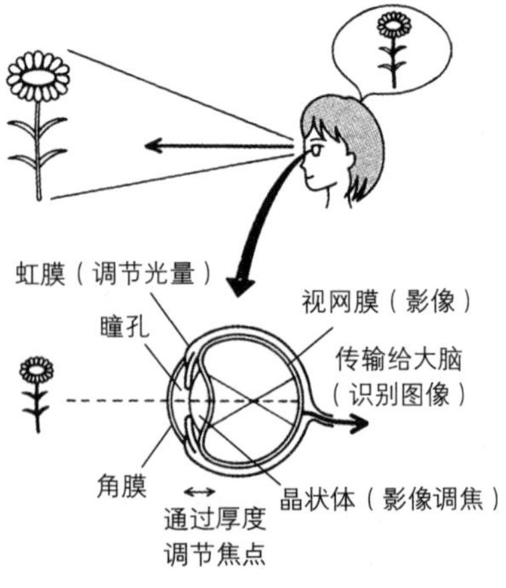

虹膜（调节光量）
瞳孔
角膜
视网膜（影像）
传输给大脑（识别图像）
晶状体（影像调焦）
通过厚度调节焦点

2 明适应与暗适应

当我们从暗处走到明亮地方时，会感觉目眩但很快就会适应，可以看见东西了。这是锥体细胞的功能，是眼睛的感光度顺应了环境的明亮，这一过程叫做

明适应。而反过来从明处进入黑暗的地方时，最初什么都看不见，但眼睛会逐渐习惯下来，又可以看见周围的东西了，这一过程叫做**暗适应**。由杆体细胞发挥作用时则不能清晰地辨别颜色、形状，只能感觉明暗。因此，明适应的顺应时间约1分钟，暗适应最长要30分钟左右。

2. 可视光线的波长与颜色

光与广播电波、射线等一样都是电磁波。图3.1.2为电磁波的波长分布示意图，平时我们所说的"光"是电磁波中**可视光线**的一部分，眼睛可以看到的可视光线的波长范围为380~780nm（1纳米=10^{-9}m）。可视光线波长域如图2.1.1所示，只是到达地球的电磁波中的极小部分，但是却占据到达地表的太阳辐射能的大约一半的波长域。眼睛对不同的波长域感觉为不同的颜色，而相同的波长中能量越大感觉越明亮。

观察到的颜色如图3.1.2所示波长至700nm附近时为红色，随着波长逐渐变短依次形成黄、绿、蓝，到400nm 附近时变为青紫色，随着波长变短逐渐由暖色系变为冷色系。

图3.1.2　可视光线可按波长区分颜色

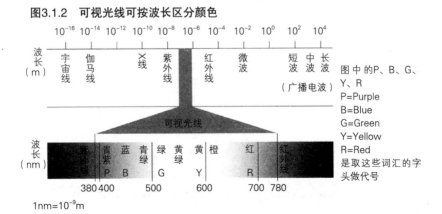

1nm=10^{-9}m

3. 视感度（视见率）

　　人的眼睛对不同的波长感受（感度）也不尽一样，明亮的地方锥体细胞发挥作用，可以清楚地感受到形状、颜色的状态（**明视觉**），555nm的光（黄绿）感觉最明亮，其波长再长或再短都会感觉昏暗。人的眼睛对微弱的光也能感觉到光亮的存在，具有很高的感度，这一感度也叫**视感度**。视感度对光的1W辐射能就可以表现为供眼睛感知的光通量。图3.1.3中横轴为波长，纵轴为视感度。明视觉的感度曲线在波长555nm时变为最大，杆体细胞发挥作用的昏暗状态（**暗视觉**）感度最大的507nm光（绿色）看上去最明亮，对红色几乎没有感觉。如图3.1.3所示暗视觉的感度曲线比明视觉偏左。这一最大视感度的波长偏移就叫做**普尔金耶效应**。通过这个现象，在明亮场所看到的同样亮度的红色和绿色，如果放到暗处绿色看起来会比红色更亮。光线昏暗下来以后，人的视觉稍稍可以判断东西的形状，颜色却不可分辨，信号灯的红色比白天暗，而蓝（绿）色感觉更鲜艳就是这个道理。

图3.1.3　视感度与波长的关系

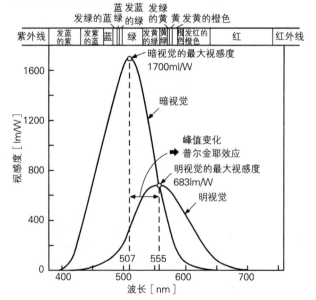

4. 光的单位

人对光的明亮程度以明或暗来感受和表达，表示光的明亮程度的量必须与人的这种感受对应起来。人的眼睛对不同波长的感度也不一样，用相当于明视觉之下人眼感度的滤光器，来测量光量的大小，此时被定义的有如下5个光的单位。

图3.1.4　光通量

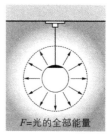

F=光的全部能量

相当于人眼感度的滤光器按CIE（国际照明委员会）标准，以明视觉时的最大视见率取值为1，与各种波长视见率的比值就是相对视见率，并将其规定为标准比视感度。

1 光通量

单位时间内流过的光的辐射能量乘上该波段的相对视见率，换算成人眼所能感觉到的辐射功率叫做**光通量**F（相当于中国的$\varPhi$）。光通量，例如图3.1.4所示，光源将其光能量向各方向均等放射时，可以按全部能量之和来捕捉，单位是lm（流明）。光通量表示眼睛所见到的明亮程度，因此，数值越大感觉越明亮。照明器材多用光通量表示其亮度，比如，500lm的白炽灯和3000lm的荧光灯虽然都是40W（瓦），可感觉上光通量大的荧光灯显得更亮一些。

2 发光强度

发光强度I是表示光源的光通量的空间分布密度的量，单位是cd（坎德拉）。将光源考虑为一个点，如图3.1.5（a）所示，朝某一方向放射每单位立体角的光通量［有关立体角参照图3.1.5（b）］，于是，此光源的全部光通量F就可以用球面整体的立体角×发光强度求得。比如，对于正在向每个方向都放射发光强度为I［cd］的点光源，其球面整体的立体角就是$4\pi r^2/r^2=4\pi$［sr：立体角单位］，所以，$F=4\pi I$［lm］。

光以多大程度向各方向放射由配光曲线表示，供选择照明器材时使用（参照66页）。

3 照度

照度E用受光面（被照面）的被照射程度表示，如图3.1.5（c）即每1m²的1lm的光通量。单位为lx（勒克斯），照度可利用照度计做简单测量，照明设计中研究亮度时要使用这个照度概念。

越远离光源照度就越弱，把光源看成一个点时，距离点光源r［m］的那个被照面上的照度E［lx］与距离的平方成反比，所以，发光强度I［cd］与照度E之间就有$E=I/r^2$的关系。2倍距离上的受光面照度$E=I/(2r)^2$，2倍的距离，照度即变为1/4。

图3.1.5　光的单位

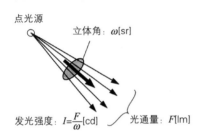

点光源
立体角：ω[sr]

发光强度：$I=\dfrac{F}{\omega}$[cd]　　光通量：F[lm]

（a）光度的含义

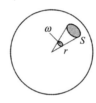

ω　S　r

设半径r的球面上的面积为S，立体角ω（相当于中国的Ω）[sr]（立体角单位）就是$\omega=S/r^2$
球面整体的立体角4π[sr]，半球就是2π[sr]

（b）立体角的定义

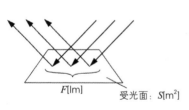

F[lm]　　受光面：S[m²]

照度：$E=\dfrac{F}{S}$[lm/m²=lx]

（c）照度的含义

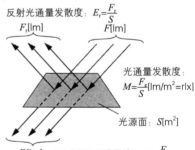

反射光通量发散度：$E_r=\dfrac{F_r}{S}$
F_r[lm]　　F[lm]

光通量发散度：$M=\dfrac{F_r}{S}$[lm/m²=rlx]

光源面：S[m²]

F_t[lm]　透过光通量发散度：$M_t=\dfrac{F_t}{S}$

（d）光通量发散度的含义

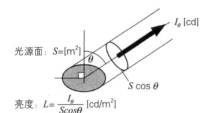

I_θ[cd]

光源面：$S=$[m²]
θ
$S\cos\theta$

亮度：$L=\dfrac{I_\theta}{S\cos\theta}$[cd/m²]

（e）亮度的含义

图3.1.6　均等扩散面

光源面
亮度圆
θ

发光强度分布为圆形

■4 光通量发散度

光通量发散度M指光源面发出的或被照面反射的照度，如图3.1.5所示，与照度相反，面上每$1m^2$的光束$M=F_e/S$，单位是rlx（拉得勒克斯）。F_e为光源面上发出的光通量，S为面积。如果面上的**反射比与透射比**不同，即使照度E相同，光通量发散度的值也不一样。受到照度值E［lx］的光源面设其反射比为ρ（/rou/：ρ=反射光通量Fr/入射光通量F），**反射光通量发散度即**$M_r=\rho E$［rlx］。另设透过率为τ（/tau/：τ=透过光通量F_t/光通量F），则**透过光通量发散度**$Mr=\tau E$［rlx］。

■5 亮度

亮度L是表示光源面、光的反射面或透过面的光亮度，从某一方向看到该面的光时，该方向所见到的面积上的发光强度就叫做亮度，单位为cd/m^2（坎德拉每平方米）。亮度依观察角度、表面材质的反射率、透过率等的不同而有所不同。如图3.1.5（e）随着光源面观察角度θ的增大，看到的该面的亮度会随之减小。而同样受光面有白纸也有黑纸时，白纸看上去更高更亮。

一个与观察方向无关且亮度一定的假想表面就称其为**均等扩散面**。均等扩散面上一个点的发光强度分布如图3.1.6所示，可形成一个圆形，荧光灯、无光泽表面都可以视其为均等扩散面。很多墙面作为近似均等扩散面处理并无大碍，计算时就简单多了。另外，均等扩散面上，设反射光的亮度为L_r［cd/m^2］、反射光通量发散度为M_r［rlx］，则$L_r=\pi M_r$［cd/m^2］。

⑤ 光对视觉环境的影响

照明设计中包括着重于看清楚、安全性等方面的**明视觉照明**以及强调空间气氛的**氛围照明**。不仅需要满足空间照明必要的明亮度，还要通过光来提高环境的视觉质量，这也是必要的需求。

■1 明视觉条件

观察中的对象能很快被看清楚这就叫明视性。满足对象能经常被看得到的明视条件有如下4个方面。

a. 大小

作为被观察的对象，其大小要适当，才易于观察，大小还与距离有关。

b. 对比

作为被观察的对象与其背景的亮度对比要适当，才易于观察，把黑字印在白色或灰色纸上，显然白色纸上看得更清楚。

c. 时间

指观察对象物的时间，越暗越不容易看清，看清对象物的时间就要延长，移动的幅度越小越容易看清。

d. 明亮度

一般视力会随着对象物变亮而提高，照度上升会提高亮度，也就更容易看清。但是如果亮度太高又会感觉眩晕，反而看不清。

做明视觉照明设计时需要考虑这些条件，还可以通过调整设计对象的颜色、形状、材质的显示效果来提高作业效率或营造空间。

2 眩光

看东西的时候如有眩晕感，会使视力下降，感觉疲劳、不适，产生视物不清等障碍，这些就叫做眩光。眩光分为光源在视野中产生的**直接眩光**和因反射光产生的**反射眩光**。另外，还有并不妨碍视物，但会造成心理不适的**不快眩光**和妨碍视物的**减能眩光**。在已适应的亮度上出现明显高亮度的东西，看上去并没有变化，但会感到眩晕、眼疲劳这就属于不快眩光。减能眩光指直接看太阳时眼睛要眯缝起来，看不清东西的时候，是因为炫目光线造成视力下降，可见直接或反射

图3.1.7 光源出现眩光的条件

①光源靠近眼睛的视线方向

②光源亮度过高的场合会产生眩光

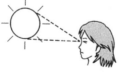

③光源太大的时候

④光源周围太暗的时候

眩光中也有不快眩光和减能眩光，两者很难分开。

易形成眩光的条件可举出如下4种情况（图3.1.7）：①见到的光源过于靠近眼睛的视线方向时；②光源亮度过高感觉眩晕时（棒球场的夜场照明等）；③光源太大的时候；④与光源相比周围太暗，感觉光源亮度相对较高的时候（比如夜间汽车头灯令人眩晕）。

光源的光经桌面、纸面反射给眼睛而产生炫目感时叫做反射眩光。或者有光源投射到电脑屏幕画面上，看不清上面播放的内容；光源的光经纸面反射给眼睛，好像纸面在发光而看不清纸面内容。其中原因就在于所观察对象的**镜面反射**使背景和对象物的亮度对比减少而出现了光幕反射。为了消除光幕反射就要如图3.1.8那样，不能把光源放在相对于视线的正反射位置上。

3 立体感

通过投光方向的改变，利用影子轮廓与深浅等特征上的变化形成物体的三维印象与质感，这就是立体感（图3.1.9）。带有立体感的物体受光的散射性、方向性的影响，有不同的呈现和印象，这时就需要对光做出调整，使看到的东西更立体真实。正面投光不会形成影子，但缺乏立体感，而从侧面方向投射强光则凸显了影子，显现出立体感和质感，给人另一种印象。

4 剪影现象

如图3.1.10（a）所示，相对于对象物人脸的亮度，以亮度更高的

图3.1.8　可能产生光幕眩光的光源位置（相对于视线的正反射位置）

图3.1.9　立体感

（a）正面照明　　　（b）右侧照明　　　（c）左侧照明　　　（d）正上方照明

图3.1.10　剪影现象

（a）窗面亮度高时　　　　　　　　（b）窗面亮度低时

窗口为背景时人脸会变暗，这种看不清楚暗部的现象就叫剪影现象。提高对象物的照度如图3.1.10（b），同时降低窗口的亮度，就要增设百叶窗等遮阳设施。

5 照度基准

不同的房间用途和作业内容，所需明亮度也不一样。明亮度是感觉上的东西，与物理亮度有一定关系，但作为明亮度基准使用的是与物理亮度相关的照度。JIS Z 9110–1979（日本JIS照度基准）中规定了各种房间的照度基准（表3.1.1）。在目视作业面未做规定的情况下，照度要满足地面以上85cm，坐姿作业时地面以上40cm，走廊、室外等按照地板面、地面水平面的数值。对于老年人应提高最低需要的照度。JIS的解释中，建议对老年人要把照度提高2倍或数倍（参照 7 ）

6 照度的分布

照明设计并不是把房间的明亮度统一起来就可以了，特别是需要营造氛围的时候，更需要按房间不同情况做明亮度对比，考虑明亮度的均衡。对于动线的连续性方面，重在考虑房间与走廊、房间与房间的明亮度均衡。在明亮度分布的指标上有一个**均齐度**的概念，均齐度就是房间最小照度被平均照度除得的商（也可以用最大照度除最小照度的商）。

表3.1.2是推荐照度比。白天天光照明在房间单侧有侧窗的情况下，靠近窗户的位置与靠房间里侧的位置照度不一样，从表中可以看出照度比达到1/10以上。

7 年龄因素的影响

如图3.1.11所示，人的视力在15~20岁时达到峰值，20~50岁为稳定期，从50岁开始出现视力下降，因为年龄因素而急转直下。生活中非常重要的是30cm左右距离上看清微细目标的近点视力。老花眼症状出现在40岁左右，可见就视觉而言40岁就堪称"老年"了。眼球中的瞳孔、晶状体等，因年龄因素造

表3.1.1　照度基准（JIS Z 9110—1979）

照度分类（lx）	办公空间	住宅空间
2000 / 1500 / 1000	办公室a	手工艺室
750	办公室b 会议室	读书室 学习室
500	接待室	阅览室 化妆间
300	电梯	聚会厅 游艺厅 洗涤间	餐厅 烹饪间 盥洗室
200	走廊·卫生间		客厅 吊顶
150	值班室		
100			
75	应急楼梯	全面照明（儿童室、浴室、玄关）	全面照明（食堂、厨房、厕所）
50		全面照明（居室、走廊楼梯）	全面照明（储物间）
30 / 20		全面照明（卧室）	
10 / 5		户外道路	
2 / 1		脚灯、安全灯	
备注	a精细的目视作业场合用办公室	全面照明与局部照明并用，居室与卧室调光

表3.1.2　推荐照度比

条件（皆为水平面照度）	推荐照度比
全面照明时最小照度与平均照度之比（均齐度）	6/10以上
相邻房间之间、房间与走廊之间平均照度之比（但是，较低位置上平均照度200lx以上时不在此例）	1/5以上 5/10以下
使用台灯时的台灯最高照度与不用台灯时的室内平均照度之比	3/10以下
从无全面照明的侧窗采光其最小照度与最大照度之比	1/10以上

成的变质、功能下降使视觉发生了改变。

　　眼睛看东西时通过与晶状体相连的毛状体伸缩以及晶状体的弹性做调焦，随着年龄的增长，毛状体的韧性减弱调焦功能下降，看近处的东西时很吃力（近点视力下降），这就是老花眼，需要用眼镜矫正。年龄再进一步增加，晶状体会出现白浊、黄变，接着视力下降，这就是白内障。

　　晶状体如出现白浊，进入眼球的光就会在里面散乱，看到的东西出现重影和云雾，并有眩晕症状（眩光）。眩光随年龄增加，据说70岁的人出现的眩光是20岁的人的2倍。

　　老年人瞳孔的光量调节能力明显下降，特别是在暗适应时瞳孔不能充分扩大，习惯过程需要更长的时间。由于瞳孔的光量调节能力下降和晶状体透过率的低下，进入眼睛的光量减少，所以暗处的视力受到影响看不清东西。

　　视网膜方面也同样，锥体和杆体的视细胞数减少，到60岁时锥体的视细胞只及20岁时的一半，这种视细胞数量的变化表现为颜色区分能力的变化。由年龄因素造成的生理功能低下的结果就是判断视力、视物与背景亮度之差的能力（亮度对比识别力）、颜色识别力等下降。

　　如图3.1.12所示，人的眼睛可适应的亮度越高，视力越好，年龄越大其效果也越差。

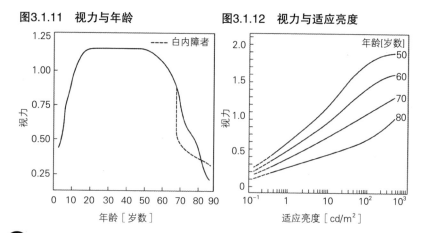

图3.1.11　视力与年龄

图3.1.12　视力与适应亮度

3-2
自然照明设计

1. 采光照明

照明依据光源的不同分为引入太阳光做室内照明的**采光照明**（采光）和依靠人工光源的**人工照明**。住房的照明白天利用太阳光辅以人工照明，晚上使用人工照明。

如图3.2.1所示，直接来自太阳的光称作**直射日光**，在大气层中散射、透过云层以及被云层扩散、反射的光叫做**天空光**。而直射日光、天空光被建筑物或地面反射过的光叫做**地物反射光**。直射日光与天空光合在一起叫做日光，但也有时与地物反射光合在一起。直射日光变动大，过于明亮时会产生眩光，所以需尽量遮挡。作为照明加以利用的是天空光。

采光照明的特征在于它属于自然能源，看上去颜色显得自然，既明亮又不产生成本，但亮度会随天气、时刻、季节发生变化。采光照

图3.2.1　采光光源的种类

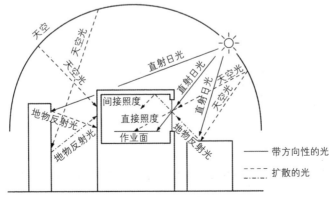

明很难为长时间读书、工作的场所利用。为便于窗口的眺望、赋予室内整体的明亮和开放感可利用白天日光，对于其间发生的变化，则需要通过建筑和照明设备上的措施给予应对，窗口的设置方向、位置、形状以及内装修材料的颜色、反射性都需要着重研究。

2. 采光系数的研究

1 室内的照度

如图3.2.1所示，经窗口直接投入的光其照度叫做**直接照度**，经窗口进入的光被室内的墙壁、顶棚等表面反射出来的光其照度叫做**间接照度**，间接照度的值比直接照度小。室内的某一点照度E［lx］是直接照度E_d［lx］与间接照度E_r［lx］之和。

2 采光系数

采光照明没有固定值，会依季节、时刻及天气发生变化，所以某一时刻的特定照度无法与室内亮度的设计基准去对照。在采光照明的设计中室内能多大程度地利用天空光，就把表示这一比例的采光系数作为设计指标。采光系数D（相当于中国的C）［%］是用室内某一点的水平面照度E［lx］与全天空照度E_s（相当于中国的E_w）［lx］的比［E/E_s］用［%］来表示。

全天空照度如图3.2.2所示，是排除周围各种障碍物之后，除直射日光以外的天空光的水平面照度。采光系数与照度一样包括直接采光系数D_d和间接采光系数D_r，室内某一点的采光系数D［%］为$D=D_d+D_r$。直接

图3.2.2　全天空照度与采光系数

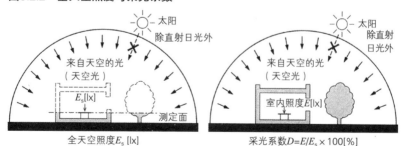

全天空照度E_s［lx］　　采光系数$D=E/E_s \times 100$［%］

采光系数和间接采光系数可分别用下式（3.2.1）、（3.2.2）求出。

$$D_{\mathrm{d}} = \frac{E_{\mathrm{d}}}{E_{\mathrm{s}}} \quad [\%] \qquad （3.2.1）$$

$$D_{\mathrm{r}} = \frac{E_{\mathrm{r}}}{E_{\mathrm{s}}} \quad [\%] \qquad （3.2.2）$$

3 窗口的立体角投射率

影响采光系数的因素在直接采光系数方面与窗户形状（方位、大小、位置）以及受照位置有关；在间接采光系数上与窗面的入射光通量和室内装修过的房间内部材质面反射率有关。这里着重讲一下影响直接采光系数的窗口立体角投射率问题。

假设窗口亮度相同，窗面的光亮度如图3.2.3，即使与所看到的窗的大小（立体角）相同，窗的位置越接近水平入射光通量越少，所以照度也越小，以窗的位置作为表示光通量变化的指标，使用的是立体角投射率U。如图3.2.4所示，以窗面积$S_{\mathrm{w}}[\mathrm{m}^2]$受光点$P$为中心，半径为$r[\mathrm{m}]$的球面上投影，其面积为$S'_{\mathrm{w}}$，设$S'_{\mathrm{w}}$平面上投影的面积为$S''_{\mathrm{w}}$，立体角投射率对全天空的水平投影面积$\pi r^2$的比，如表3.2.3所示。

$$U = \frac{S''_{\mathrm{w}}}{\pi r^2} \times 100 \quad [\%] \qquad （3.2.3）$$

另外，影响直接采光系数的玻璃可视光透过率为τ（/tau/），表示玻璃透过率老化的保养率为m，除窗框等之外的玻璃有效窗面比为R，则可以求直接采光率$D_{\mathrm{d}} = \tau m R U$。如果没有玻璃，直接采光率$D_{\mathrm{d}}$就与立体角投射率$U$一致。

图3.2.3　立体角投射率与明亮度　　　　图3.2.4　立体角投射率

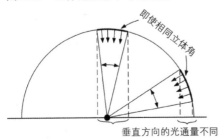

垂直方向的光通量不同

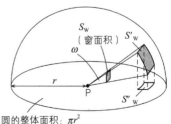

圆的整体面积：πr^2

立体角投射率通常可用图求解。窗的宽度b［m］、高度h［m］、从侧窗到受光点的距离为d［m］，在侧窗到地面或桌面直线相交的位置关系上可用图3.2.5、图3.2.6求解。

4 **采光系数的设计指标**

设计采光系数时，以表3.2.1所列出的基准采光系数为标准。这种

图3.2.5　窗户（长方形光源）与受照面垂直时的立体角投射率

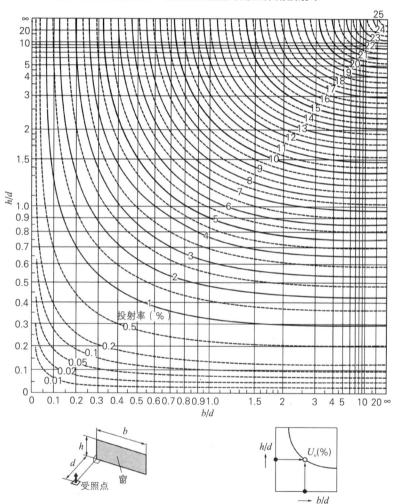

图3.2.6　不同的受照点位置，及不同的求立体角投射率的方法

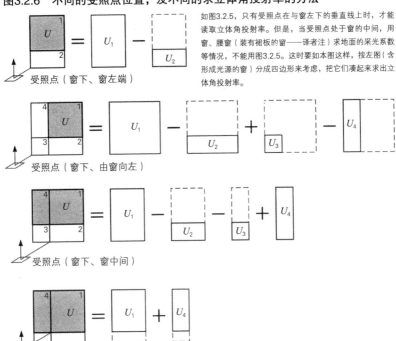

如图3.2.5，只有受照点在与窗左下的垂直线上时，才能读取立体角投射率。但是，当受照点处于窗的中间，用窗、腰窗（装有裙板的窗——译者注）求地面的采光系数等情况，不能用图3.2.5。这时要如本图这样，按左图（含形成光源的窗）分成四边形来考虑，把它们凑起来求出立体角投射率。

受照点（窗下、窗左端）

受照点（窗下、由窗向左）

受照点（窗下、窗中间）

受照点（窗中间）

表3.2.1　基准采光系数

阶段	基准采光系数 [％]	目视作业·行动类型（例）	房间空间类别举例	全天空照度 15000lx时的值[lx]
1	5	长时间目视的精密作业（精密制图、精密工作）	设计·制图室（利用天窗·顶侧窗时）	750
2	3	精密的目视作业（普通制图）		450
3	2	长时间的普通目视作业（读书）	普通办公室	300
4	1.5	一般目视作业（板书、会议）		230
5	1	短时间的一般目视作业或轻度目视作业（短时间读书）	住宅居室·厨房	150
6	0.75	短时间的轻度目视作业	办公室走廊·楼梯	110
7	0.5	极短时间的轻度目视作业（接待、休息、包装）	住宅客厅·玄关·厕所、仓库	75
8	0.3	短时间的移动（一般的步行）	住宅的走廊、楼梯	45
9	0.2	停电等情况下的应急		30

表3.2.2 设计用全天空照度

条件	全天空照度（lx）
特别明亮的日子（薄云、多云的晴天）	50000
晴朗的日子	30000
普通的日子（标准状态）	15000
阴暗的日子（最低标准）	5000
非常阴暗的日子（积雨云、降雪中）	2000
万里晴空	10000

情况下的全天空照度，依天气、时刻而发生的变动应参照表3.2.2的**设
计用全天空照度**中的普通日子（标准状态），可用15000lx。比如，住
宅居室的采光系数为表3.2.1中的1%，所以，全天空照度用15000lx（标
准状态），此时的照度就是150lx。

③ 窗户的采光设计

通过窗户的不同设置，室内光线的分布也不一样。做采光设计时
从设计阶段就要考虑开口位置、对光的控制方法。

1 窗

窗户要求具备采光、换气、通风等功能，此外还有窗口眺望、给
人开放感等心理作用。窗户的大小、数量会影响采光的质与量，如大
窗口室内进光量大，又增大开放感。

a. 侧窗

设在墙上的窗叫做侧窗，如图3.2.7（a）所示，从单侧墙采光叫
单侧采光，从两侧墙面采光叫做两侧采光。如单侧只有一个窗，靠窗

图3.2.7 窗的分类

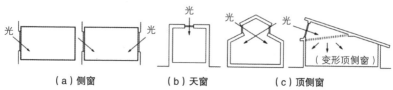

（a）侧窗　　　　　　　（b）天窗　　　　　　（c）顶侧窗

位置很亮，而靠里面较暗，则照度不均匀；如两侧开窗则照度散布均匀，房间整体都明亮。其中窗的开设高度对采光效果的影响如图3.2.8所示，侧窗位置越高房间越明亮，房间里面也可以得到光亮。通常考虑结构、施工、清扫、保养方面的问题，方便通风、眺望。但是，依窗外状况有时不利于采光、通风等。

b. 天窗（顶部采光）

屋顶或顶棚面上开设的窗户存在结构、施工、清扫、保养上不方便，不利于通风、隔热及对直射阳光的遮挡，还有无法用于眺望等不足；但另一面，如果处在周围住宅比较密集的城市里，把窗户设在屋顶或顶棚面上，可有效避开其他建筑物以及树木的影响。如图3.2.9所

图3.2.8　侧窗高度带来的效果

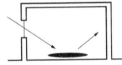
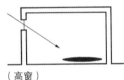
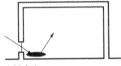

- 确保整体的明亮

（高窗）
- 窗口把光送到不同的地方

（低窗）
- 只有靠近窗的地方明亮
- 由地面反射光线增加向上的通量

图3.2.9　窗户位置决定照度

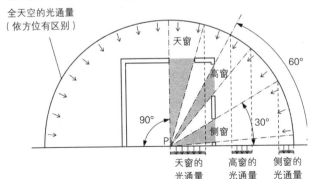

相同面积的窗，开设位置越高，P点上入射光通量的垂直成分就越多房间就越明亮。
（光通量比见上图，天窗：高窗：侧窗=1：0.5：0.4）

示，与同样面积的侧窗相比天窗照度更高，但是，容易通过与顶棚面之间的亮度比而产生眩光。

c. 顶侧窗

采光来自顶棚部分，但窗是垂直或接近垂直的场合。

2 遮挡窗口日射的措施

如果考虑作业面等处的明视性，就要遮挡令人不适的直射日光。具体作法可以按图3.2.10所示那样，挡住直射日光，利用天空光、散射光等。其中（a）是在窗外侧加装窗檐、遮蓬、百叶窗等；（b）是从室内一侧设置窗帘、百叶窗等；（c）是通过拼装玻璃块等引入扩散光；（d）则利用折射板引入反射光等等这几种方法。

3 采光所需的窗面积

供住宅居室采光的窗口有效面积，按建筑基准法的规定为居室占地面积的1/7以上。如果窗户临近宅地边界，窗口面积也有时不再视其为采光有效面积。作用于采光的有效窗面积的计算，先求出采光补偿系数，再乘上窗的开口面积即可求出。采光补偿系数如表3.2.3，各地域依居住类、工业类、商业类有所不同。图3.2.11中的d为窗檐等突出部分到宅地边界的水平距离，h为窗檐等突出部分到窗中心部的垂直距离。

第1种低层住宅专用地域的住宅居室的窗面积，如图3.2.11所示，要按照建筑基准法的规定考虑能否满足采光所需面积。采光补偿系数按照表3.2.3求解$d/h \times 6 - 1.4 = 1/1.5 \times 6 - 1.4 = 2.6$。用于采光的有效窗面积=开口部面积×采光补偿系数=$2.0 \times 1.2 \times 2.6 = 6.24 \mathrm{m}^2$。

图3.2.10　遮挡直射日光的方法

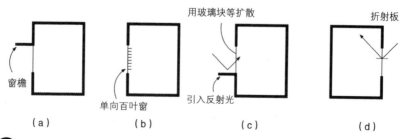

表3.2.3　用于采光的有效窗面积与采光补偿系数

	地域	采光补偿系数	有效采光面积
居住	第1种低层住宅专用地域 第2种低层住宅专用地域 第1种中高层住宅专用地域 第2种中高层住宅专用地域 准居住地域	$d/h \times 6-1.4$	开口部面积×采光补偿系数
工业	准工业地域 工业地域 工业专用地域	$d/h \times 8-1.0$	
商业	邻近商业地域 商业地域	$d/h \times 10-1.0$	

算式之外有特例。比如，开口部面向道路时如果采光补偿系数不足1.0可视其为1.0。而采光系数最大为3.0，天窗就作为3.0等。

图3.2.11　用于采光的有效窗面积计算的尺寸记取方法

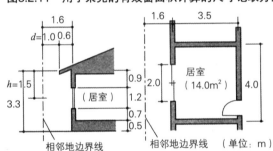

（单位：m）

建筑基准法规定的采光面积为$14.0 \times 1/7 = 2.0 \text{m}^2$，所以，用于采光的有效窗面积$= 6.24 \text{m}^2 > 2.0 \text{m}^2$，此为合理窗面积。

④ 利用装置采光

1 折射板

如图3.2.12所示，窗的内外侧装有窗檐时，可遮挡直射阳光。窗檐上面反射的光可照射到顶棚面上，由此形成二次光源照亮房间里面，这样的设置就叫做折射板。折射板可降低窗附近的照度，却又可以提高房间里面的照度，为此便改善了室内的日照均匀度。

室内侧的窗檐，由于给人压抑感有时不予设置。在这种情况下要在上方设置百叶窗等，遮挡直射日光。

2 采光照明装置

如使用采光照明装置可将采光部获取的采光引入室内，为位于北侧及地下的房间收集光线。图3.2.13为收集南侧墙面采光部经反射板引入的光线，设置了高反射率镜面光通道，为北侧的昏暗房间提供采光。在利用这种光反射的装置之外，还有利用三棱镜光折射原理的装置以及聚光镜、光纤的装置（图3.2.14）等，各种采光照明装置的开发正转入实用化阶段。

图3.2.12 镜搁架

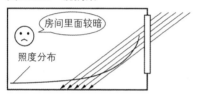

（a）无镜搁架

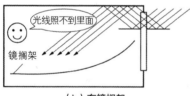

（b）有镜搁架

图3.2.14 使用聚光镜、光纤的装置（照片提供：LA FORET工程装置）

图3.2.13 光通道系统

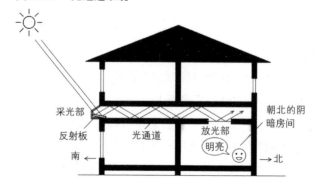

3-3
人工照明设计

1. 光源的种类

人工光源的发光原理大致分为随着温度的上升而发光的**热辐射**（温度辐射）和通过其他辐射现象产生的**冷光**这两种类型。一般家庭使用的光源为白炽灯和荧光灯。白炽灯是热辐射，荧光灯是冷光。

以前日本出于安全性和明视效果的考虑，在居室安装吊灯，均匀而明亮的荧光灯使用较多。欧美国家曾以白炽灯为主，从节能观点出发也改用节能型荧光灯。

住房照明的用电量以10~20W/m²为基准。如果多用节能型荧光灯可节省电量消耗。图3.3.1为主要光源的形状。

图3.3.1　主要光源形状

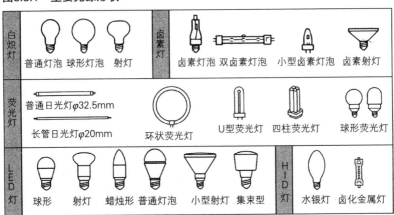

1 白炽灯

爱迪生发明的白炽灯是在玻璃泡内的钨丝上通入电流，使其发热发光，直径小到1mm大到摄影用的30cm，一般照明、投光照明以及装饰照明等各种用途非常广泛。白炽灯泡有良好的显色性，但与荧光灯相比照明效率差，寿命短。照明效率用全光通量/用电量［lm/W］表示，白炽灯的照明效率约14 lm/W，额定寿命1000h。为了削减CO_2排放，防止地球温室化，2010年3月，有些工厂已经停止了白炽灯的生产。

2 卤素灯

卤素灯是在玻璃泡里面封入卤素气体，以防钨丝升华后附着于灯泡内表面，白炽灯的寿命末期出现灯泡内表面变黑的黑化现象，卤素灯可以避免这种现象发生，相比之下因没有黑化现象光通量就不会下降，维持稳定的照明效率。额定寿命2000h，比白炽灯寿命长。卤素灯常用于商铺、投光用照明等场合。

3 荧光灯

放电灯是通过气体、金属蒸气或两者混合气体中的放电冷光产生光的灯。荧光灯是在玻璃管内封入氩气和汞蒸气，玻璃管内壁涂覆荧光物质。依这些荧光物质的不同配比决定荧光灯的不同光色，荧光灯开灯时需要镇流器。

荧光灯的特征是寿命长（额定寿命12000h），照明效率高（直管3波长型日光白色：约100 lm/W）。另外，灯下看到的东西颜色显色性有所改善，显色性好的荧光灯为JIS（日本工业标准）的显色AAA及3波长域发光型荧光灯等。显色性、照明效率以及从价格上蓝（波长450nm）、绿（波长540nm）、红（波长610nm）以及带峰值的**3波长荧光灯**比较普及。住宅应换掉白炽灯，改用节能型球形荧光灯或紧凑型荧光灯，以求削减CO_2排放。

4 LED灯（发光二极管灯）

LED（Light Emitting Diode）也叫做发光二极管，是利用半导体发光性质的灯。目前红、橙、黄、绿、蓝几种颜色已经投入使用，白色也已开发成功。白色的LED灯最终上市将取代白炽灯、荧光灯，以LED为光源的作为照明用的照明器材也因此而被商品化生产。相对于靠加热钨丝发光的白炽灯，LED可直接把电能转化为光，能源转换效率非常高。LED的特长在于节电、寿命长、小型轻量化、闪亮性能好，而且不会发出可视光以外的辐射。

5 HID灯

HID灯是High Intensity Discharge lamp（高亮度放电灯）的简称，也是高压水银灯、卤化金属灯、高压钠灯等的总称。这些灯具有高亮度、高效率、长寿命的特点，但是，开启灯及重新开启灯需要长达几分钟的时间，可用于商业街、顶棚较高的工厂等场所。

下面归纳一下各种灯的特性。白炽灯100W、卤素灯100W、一般日光灯40W、LED普通球形灯（相当于白天日光）6.4W，它们的特性如表3.3.1所示。一般荧光水银灯100W、透明型金属卤化灯100W、高效型高压钠灯110W这几种的特性如表3.3.2所示。

表3.3.1　主要光源特性①

光源种类 特性	白炽灯	卤素灯	荧光灯（普通白色）	LED灯（普通电球形）
发光原理	热辐射		冷光（低压放电）	冷光（电场发光）
耗电量[W]	100	100	40	6.4
全光通量[lm]	1520	1600	3100	520
效率[lm/W]	15.2	16	78	81
启动时间	0	0~3min（再启动时间10min）	2~3s（预热型）、0（快速起动型）	0
寿命[h]	1000	1500	12000	40000
显色性（平均显色评价数Ra）	好、多泛红（100）	好（100）	比较好（白色64）尤其是有些已改善了显色性	相当于昼间白色（70）
色温[K]	2850	3000	4200（白色）	5000

表3.3.2　主要光源特性②

光源种类 特性	HID灯		
	荧光水银灯（普通型）	金属卤化灯（透明型）	高压钠灯（高效性）
发光原理	冷光（高压发电）		
耗电量[W]	100	100	110
全光通量[lm]	4200	9000	10600
效率[lm/W]	42	90	96
启动时间	5min	5min	5min（再启动时间 1~2min）
寿命[h]	12000	9000	12000
显色性（平均显色评 价数Ra）	不很好 （40）	好（65）。高显色型 非常好	高效性差（25）。也 有些改善了显色性
色温[K]	3900	4000	2050

2. 色温

1 什么是色温

　　白炽灯的光让人感觉比荧光灯发红，荧光灯的光显得发蓝。灯发光所带的颜色叫做**光色**，光色依光源种类而不同。依光源的波长成分（分光分布）有不同的光色，红成分多的灯显红色，蓝成分多的灯显蓝色。灯的光色用**色温**来表示，色温是以绝对黑体（对外部入射光、电磁波等热辐射可以涵盖所有波长，并完全吸收或释放的物体，但它只是物理概念现实中并不存在）发热时温度和光色关系为基准。

　　绝对黑体显示的颜色随着温度的升高依次变为：黑色→暗褐色→红色→黄色→白色→蓝白色。自然光的光色相当于温度T_e[K]的绝对黑体发出的光色时，温度T_e[K]就是光的色温。但是，除白炽灯外的人工光源其分光分布与绝对黑体的分光分布并不一致，所以，与见到的光色相同时绝对黑体的温度就用相关色温温度T_{cp}[K]来表示，与色温同样看待。色温越低越显红色，越高越显蓝色。

2 采光与人工光源的色温

表3.3.3为自然光与人工光源的色温。太阳光每时每刻都在发生变化，日出时色温最低，呈红色，随着高度的上升阳光的色温也越来越高逐渐呈现白色，中午阳光的色温达到最高。白天的照明以使用与中午的阳光相似、色温稍低的白色荧光灯为宜。

即使感觉上与天光颜色相似，但人工照明的波长成分仍有很多区别，**分光分布图**给出了波长成分，天光、白炽灯、白色荧光灯的分光分布如图3.3.2所示。而分光分布则根

表3.3.3　光源的色温与光色

自然光	色温值 [K]	人工光源 （○：为住宅用灯）		人工光源的光色所见
特别清澈的西北方向晴空光	—20000			
北方天空的晴空光	—10000			清凉的（发蓝的白色）
	—7000			
均匀的薄云天光	—6500	• 6500	○天光色荧光灯	
	—6000	• 5800	透明水银灯	
中午的太阳	—5300	• 5000	○LED灯（天光白色）	
	—5000	• 5000	○天光白色荧光灯	
日出2小时		• 4200	○白色荧光灯	
	—4000	• 4000	金属卤化灯	中间（白）
		• 3900	荧光水银灯	
日出1小时		• 3500	○温白色荧光灯	
	—3300			
	—3000	• 3000	○电珠色荧光灯	
		• 3000	卤素灯	
		• 2850	○白炽灯	温暖的（发红的白）
		• 2800	○LED灯（灯泡色）	
日出/日落	—2000	• 2050	高压钠灯	
		• 1920	蜡烛火苗	

图3.3.2　天光与人工光源的分光分布

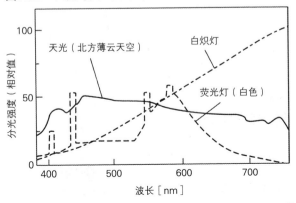

据照明情况影响对颜色的观察。

3. 显色性

1 什么是显色性

被白炽灯和荧光灯照亮的物体，依光源的不同其颜色看上去也不一样，与原本颜色有所区别。光源对看到的颜色所造成的影响就叫显色，决定能见度的性质就叫做**显色性**，显色性为**分光分布**所左右。如图3.3.3所示，太阳光含多种波长成分，显色性看着很自然；橙色的钠灯只含几种特定成分，因此看上去与本来颜色不一样。

JIS Z 8726（光源显色性评价方法）规定了显色性的试验方法，在色温与试验对象的光源类似的基准光源（自然光）照明下，对已确定了颜色的被试体颜色的知觉，和对象光源照明下对被试体颜色的知觉，计算这两者颜色偏差的数值，用这一数值来评价显色性。用于计算显色评价值的试验色有15种（R_1~R_{15}），以其中R_1~R_8的试验色评价值平均值作为**平均显色评价数**Ra。平均显色评价数（R_a）以基准光源照明下对物体颜色的能见度为R_a100，表示与这一自然能见度的偏差，无偏差即可达到R_a100。而R_9~R_{15}中彩度较高的有红、黄、绿，蓝色R_9~R_{12}、白人肤色（R_{13}）、树叶颜色（R_{14}）、日本人肤色（R_{15}：仅限JIS标准），在中心颜色知觉上满足使用目的。

2 光源的显色性

一般能效低的白炽灯显色性好，能效高的荧光灯显色性差。另外，由于

图3.3.3　显色性与色的能见度

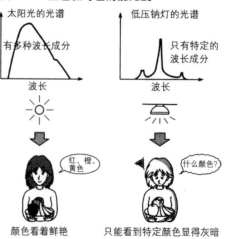

太阳光的光谱　　低压钠灯的光谱

有多种波长成分　　只有特定的波长成分

波长　　波长

红、橙、黄色

什么颜色？

颜色看着鲜艳　　只能看到特定颜色显得灰暗

光源显色性是在类似于试验对象的光源相关色温的基准光源下进行评价，所以做比较的光源色温不一样，显色性也就无法比较。比如，色温2580K的白炽灯R_a100与相关色温5000K的荧光灯R_a84，其中的白炽灯的显色性就谈不上怎么优越了。

CIE（国际照明委员会）对住宅推荐使用R_a85以上的光源，相当于白炽灯或3波长荧光灯。而显色性是客观评价，并非主观评价，所以对颜色的喜好取舍各有不同，显色效果还与色温、照度相关，因此显色性好也难免色觉昏暗。

4. 照明方法

■1 全面照明和局部照明

照明的方法如图3.3.4所示，主要有**全面照明、局部照明和局部性全面照明**这三种方法。

a. 全面照明

包括作业面在内的空间整体一致均等的照明方法。空间整体照度均匀，明亮而充满活力，不利于烘托房间氛围。另外，空间整体明亮可减轻目视负担，但不利于节能。全面照明多采用吊灯或均等配置的筒灯等。

b. 局部照明

餐桌、厨房操作台等作业面这些局部需要照明的地方采用这种方法，易于看清东西，长时间作业也不会疲劳。作业面与周边的亮度对比过大，就容易出现眼疲劳。局部照明与全面照明并用的场合也很多，全面照明与对作业面的局部照明两者的照度比应确保1/10以上。局部照明适于要求个人隐私的卧室等需要一定氛围的地方。

c. 局部性全面照明

兼顾特定位置与其周围环境的照明方法，但仍属于局部的全面照明。比如，不仅作业面，其周围也需要明亮，这时照明就要以作业面为中心，其周围稍稍暗一些。与全面照明相比具有一定的节能性，但需要做布局调整时很难灵活应变。图3.3.4为局部性全面照明兼做明亮的大面积墙面洗墙灯的例子。

2 按配光分布做照明分类

光源或照明器具发出的发光强度分布叫做配光曲线，配光曲线通常如图3.3.5所示用发光强度分布曲线来表示。照明器具以光源为中心，通过上方与下方光通量之比，按图3.3.6做出直接照明与间接照明之间的分类。

a. 直接照明

照明器具的90%～100%光通量向下对直接作业面配光进行照明。易于获取水平面照度，筒灯和金属灯伞吊灯适合这一类。

图3.3.5 配光曲线

光源

（发光强度）

b. 半直接照明

照明器具的60%～90%光通量向下对直接作业面配光进行照明。为了让顶棚和墙面也亮起来，与直接照明相比影子更柔和一些。需注意照明器具的亮度不能太高，乳白色玻璃灯伞（开口朝下）属于这一类。

c. 全面扩散照明与直接·间接照明

照明器具的40%～60%光通量向下对直接作

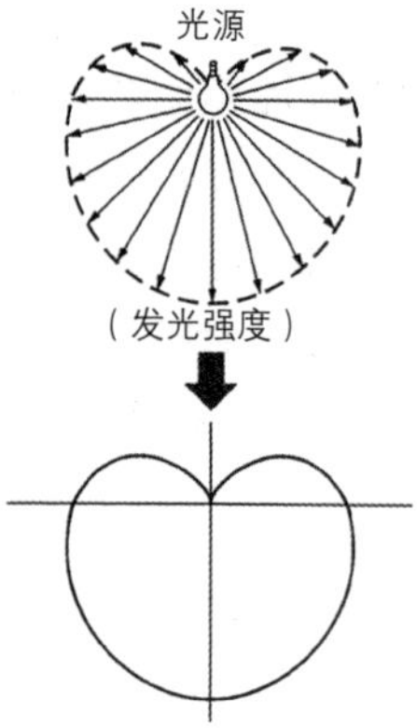

图3.3.4 起居室兼餐室的照明（全面照明与局部照明）

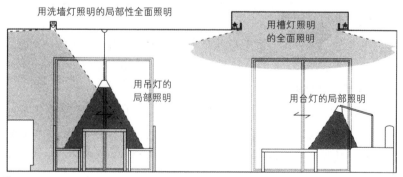

用洗墙灯照明的局部性全面照明

用槽灯照明的全面照明

用吊灯的局部照明

用台灯的局部照明

业面配光进行照明。全面扩散照明需注意照明器具的亮度不能太高。玻璃灯伞吊灯和纸质灯罩的台灯等属于这一类。灯罩上下贯通的台灯的直接·间接照明不易出现眩光于眼睛有宜。

d. 半间接照明

　　照明器具的10～40%光通量向下对直接作业面配光进行照明。乳白色玻璃灯伞（上开口）属于这一类。

e. 间接照明

　　照明器具的0%～10%光通量向下对直接作业面配光进行照明。由于让顶棚和墙面做光的反射面而形成向上的配光，使得顶棚亮了起来，但照明器具容易出现剪影，而且根据顶棚和墙面的反射率不同照明效果也不一样，难以表现物体的立体感。金属灯伞吊灯（上开口）、金属罩台灯适合这一类。

③ 照明器具

　　如果按照明器具的安装方法分类如图3.3.7。住房的照明可按房间用途和生活方式选择市售的照明器具。

a. 吸顶灯

　　直接装在顶棚上的照明器具。由于从较高位置向下照明，适合用于全面照明。适合西式房间、和室、浴室等用水场所及走廊等开阔空间使用的照明器具，而用于起居室和居室则是有带调光功能的灯具，还有可遥控操作的灯具。

图3.3.6　照明器具的配光

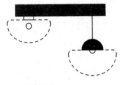

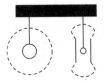

直接照明	半直接照明	全面扩散照明	直接·间接照明	半间接照明	间接照明
向下光通量的90%～100%	向下光通量的60%～90%	向下的光通量的40%～60%		向下的光通量的10%～40%	向下的光通量的0～10%

b. 吊灯

利用线、链或钢丝垂吊于顶棚上的悬挂式照明器具。挂在顶棚中央用于需要全面照明的场合以及针对餐桌的局部照明。灯伞和灯罩可使用塑料、木料、金属、藤条、和纸（日本生产的一种纸）及布料等多种材料，有些还可以对器具高度、照明范围以及桌面上的亮度等进行调节。

c. 枝形吊灯

适于装饰性空间使用的照明器具。其中包括水晶玻璃的豪华型吊灯，也有新潮的普通玻璃，可按顶棚高度及灯具阔度做选择。有考虑灯具整体效果的照明，也有直接装在顶棚上的吊灯型。可以营造出空间悬浮的清澈美感，烘托房间的氛围。

d. 筒灯

埋设在顶棚里口径较小的照明器具，直接对下方照明。由于安装后并不外露使得空间更整洁便于打理。需要注意的是因器具外径及高度的关系，有些场合不能使用。另有全面照明型和射灯型，全面照明型通过反射镜、挡板提高照明效率，经过对灯具的选择和适当配光可营造宽松的氛围。选择筒灯时需要研究照明效果和内装修材料等视觉效果。

e. 壁灯

直接装在墙上的灯具。凭借照度营造空间氛围，多用于突出要强

图3.3.7　通过安装器材对照明器具分类

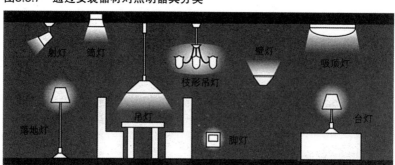

调的部分。有使用枝形吊灯的灯泡外露的装饰灯，利用顶棚面反光的间接照明型的蝶形灯，洗脸室、浴室、玄关等使用的防滴、防潮的球形灯。选择器具时，走廊等部位都是侧立面的视觉效果，所以，要注意器具伸出的幅度，而楼梯这类地方从高处向下看到照明器具时应避免里面的灯泡外露。

f. 脚灯

脚灯多按脚踝高度埋设在墙体里面，以便在地面形成柔和的照明。

g. 台灯

分为放在地面的落地灯和放在桌面等位置的台灯。主要有4种类型，依使用目的进行选择：光线柔和扩散的球形灯多采用乳白色玻璃或塑料制作；伞形灯罩多用布或塑料制作；学习课桌这类注重效率的反射型灯具则带有反射板或反光镜；拱形主要为用于对顶棚的间接照明、高约1.6m的照明器具。

4 建筑化的照明

照明器具装入顶棚或墙体内，与建筑物一体化的照明叫做**建筑化照明**。有间接照明和直接照明，实例如图3.3.8所示。间接照明的光被

图3.3.8 建筑化照明

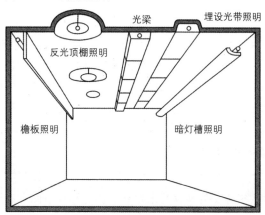

顶棚反射后，有顶棚等表面可得到均匀光亮面的**暗灯槽照明**，顶棚上的光照到墙壁上使空间形成纵深感的**檐板照明**，以及**反光顶棚照明**。直接照明可利用光梁以及埋设光带照明。此外还有发光顶棚，墙面、地面透光的自体发光照明。

建筑化照明可通过柔和光线营造空间氛围，住宅中主要使用暗灯槽照明和檐板照明，便于强调顶棚、墙面的装修材料的质感。

⑤ 老年人的光环境

老人因年龄原因视力下降，越明亮的地方越有助于提高视力，但不必要的提高照度反而因眩光更看不清。暗处看不清是因为视觉功能的衰退，同时身体其他功能也在下降。为此，对于老年人的光环境还需要考虑安全等方面的问题，确保质与量这两个方面。年龄因素造成的衰退程度因人而异，所以，住房要根据居住者的方便采取相应措施。这一节讲的是一般老年人的光环境计划。

1 照度设计

首先要确保环境的明亮。图3.3.9是基于JIS Z 9110~1979"照度基准"制定的居室内老年人不同作业类型的推荐照度。读书、做精细工作为通常情况下的2倍，深夜的走廊则高出5倍，根据这些活动行为及场所适当调整亮度。而室内的全面照明要达到1.5倍左右，而且还要注意不能过于明亮。读书及用眼工作场合，应在相应位置增设台灯，这样，不仅提高工作效率，还可以从心理、生理角度产生正面影响，产生更好效果。需要明亮场所的地方内装修材料要采用反射率高的亮色，但是，如若为了确保明亮而提高照度，又会因眩光而降低照明质量。长时间在室内生活的老年人，可通过防止眩光、改善光色及显色性等来提高光环境的质量。

2 对视环境的考虑

身体机能低下的老年人，要保证其安全移动时良好的视环境必不可少。特别是容易发生事故的走廊、楼梯等移动空间和有台阶的部位照明都非常重要。老年人适应环境的能力已显著下降，因此要考虑移动空间的连续性，居室、走廊或居室之间的照度比最大10:1，尽量控制在3:1之内。另外，走廊要装脚灯，卧室要设彻夜灯，以便于夜间能够安全、平稳地移动。

再有，为了生活的安逸还需要降低灾害中避难及防范中的恐慌情绪，就要重视住房内外视环境的整顿，把日常生活充实起来。选择照明器具时，考虑操作性的同时，还要注意清扫及更换灯泡等维护管理上的方便。对颜色识别能力低下的老年人建议使用3波长荧光灯这类显色性好的灯，与白炽灯相比发热少、效率高、使用寿命长，从维护性考虑也推荐这种荧光灯。

图3.3.9　老年人的照度基准

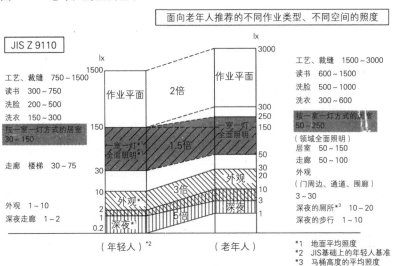

3-4
色彩设计

1. 颜色的知觉及表示

1 对颜色的知觉

　　人的眼睛对波长380~780nm的电磁波（**可视光线**）有视知觉，波长不同对颜色的视知觉会形成不同的认识。颜色包括电灯等光源发出的**光源色**、光源发出的光经物体反射后形成的**表面色**，还有透过万花筒一类玻璃的**透过色**，表面色和透过色叫做**物体色**。

　　通过测定不同波长颜色的发光强度，就可以由分光分布看出一种颜色具有哪些波长成分。表面色时分光分布如图3.4.1所示，横轴为波长，纵轴表示相对于标准白色的反射光强度各种波长的反射率。太阳光均等的全波长上反射率高，看上去发白（图3.4.1a），反射率低时颜色发暗呈灰色（b），而全波长如果都被吸收看到的就是黑色（c）。波长略长（红）的反射率高，其他波长皆被吸收所以看到的是红色，如果红色仅部分反射，其他波长被吸收看到的红色就会发暗。

图3.4.1　对颜色的知觉

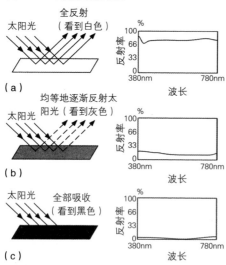

2 颜色三属性

　　表示表面色的色调、亮度、清晰度等性质的主要因素叫做**色相、明度、纯度**颜色三属性。色相指红、蓝等颜色的区别（图3.4.2）。图3.4.3表示明度与纯度的关系，明度给人的感觉是亮灰色、暗灰色这类明亮的程度，由于与光的反射率相关因此越发白明度越高。纯度是昏暗、清晰等颜色的鲜艳程度，越靠近纯色纯度越高。颜色分为具备色相、明度、纯度这三属性的**有彩色**和只能区别白、灰色、黑这类明度的**非彩色**。而将颜色三属性中的明度和纯度合在一起的概念叫做色调，颜色的视知觉印象可用"明亮"、"暗淡"、"鲜艳"、"黑暗"等形容词来表现。

3 色名

　　基于JIS Z 8102－2001"物体色的色名"，如图3.4.4所示，有红、黄红、黄、黄绿、绿、蓝绿、蓝、蓝紫、紫、红紫这些有彩色的10色相，加上白、灰色、黑的非彩色就作为**基本色名**。基本色名中与色相相关的"发红的、发黄的、发绿的、发蓝的、发紫的"这些形容词与有关明度·纯度（色调）的形容词"明亮的、暗的、黑暗的、淡的、极淡的、昏暗的、鲜艳的、浓的"等组合起来对色的表现叫做**系统色名**（图3.4.5）。与系统色名对比很容易表达色的形象，平时使用的桃色、橙色、砖红色这类色名叫做**惯用色名**。JIS Z 8102－2001中规定了269种惯用色名，表3.4.1是与惯用色名对应的系统色名及有代表性的色相·明度·纯度的色符号举例。

4 混色

　　所谓混色就是把2种以上的颜色混合在一起，如图3.4.6那样，有

图3.4.2　色相

红、黄、蓝、绿等颜色的种类即"色相"

图3.4.3　明度与纯度的关系

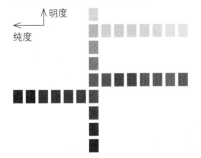

明度

纯度

图3.4.4 有关色相的修饰语之间的关系（JIS Z 8102–2001）

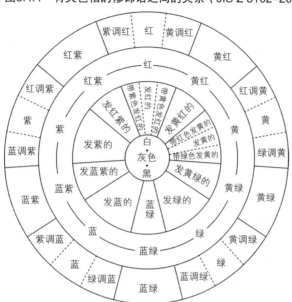

图3.4.5 非彩色的明度和有彩色的明度与纯度的相互关系（JIS Z 8102–2001）

	非彩色		有彩色		
	非彩色	带颜色的非彩色			
明度 ↑	白 Wt	△ 发的白[注1] △ –Wt	极淡的~ [注2] vp–~	淡的~ pl–~	明亮的~ lt–~
	浅灰 plGy	△ 发△浅灰色 △ –plGy	发亮灰的~ lg–~	柔和的~ sf–~	耀眼的~鲜艳的~
	亮灰色 ltGy	△ 发△亮灰色 △ –ltGy	发灰的~ mg–~	昏暗的~ dl–~	st–~　vv–~
	中位的灰色 mdGy	△ 发△的中位灰色 △ –mdGy	发暗灰的~ dg–~	暗的~ dk–~	浓的~ dp–~
	暗灰色 dkGy	△ 发△的暗灰色 △ –dkGy	黑暗的~ vd–~		
	黑 Bk	△ 发△的黑 △ –Bk			

→ 彩度

注1：带颜色倾向的非彩色中用△本书基本色名，比如"发红的白"。

注2：有彩色中的~本书基本色名，比如"极淡的绿""vp–G"

表3.4.1 惯用色名（JIS Z 8102-2001）

惯用色名	对应的系统色名	代表色的符号
樱花色	淡紫红色	10RP 9/2.5
砖红色	暗黄红色	10R 4/7
水绿色	淡绿调蓝	6B 8/4
桃色	柔和红	2.5R 7/7
杏黄色	柔和黄红	6YR 7/6
橙色	鲜艳黄红	5YR 6.5/13
紫色	鲜艳紫	7.5P 5/12

图3.4.6 加法混色与减法混色

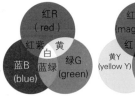

全部混在一起即变白　　全部混在一起即变黑
（a）加法混色　　　　（b）减法混色
（光色的混色）　　　　（色材的混色）

加法混色和**减法混色**。把色光的色重叠起来的混色叫加法混色，混合的光越多越接近白色，这里的三原色指红（R）、绿（G）、蓝（B）；由颜料等色材的色素重叠起来的混色叫做减法混色，这里的三原色指蓝绿（cyan）、红紫（magenta）和黄（yellow），将这些混色会降低明度。

⑤ 表色系

使用多种颜色的时候，很难靠系统色名、惯用色名准确识别、表达、传递颜色信息，这就需要可以再现颜色的表达方法。定量表示颜色的系统叫做表色系，可以利用数字和符号来表示颜色。表色系中有一个以表达颜色知觉为目的的标准，这个标准就是把色票集与试料的颜色做对比，得出一个以符号标注的**显色系**，还有一个在加法混色基础上定量显示颜色的**混色系**。显色系的代表性表色系是**孟塞尔表色系**，适于用作表面色的色选择、指定、比较等方法。混色系的代表性表色系是**XYZ表色系**，不仅可用于特定颜色，还可以进行物理计算、混色计算等，在光源色、物体表面色及透明色上也有应用。

⑥ 孟塞尔表色系

美国画家、美术教师A·H·孟塞尔在颜色三属性的色相、明度、纯度基础上开创了表示颜色的体系，现在使用的孟塞尔表色系是后来修订过的孟塞尔表色系，JIS Z 8102-2001中的颜色表示法就是以孟塞尔表色系为基准。

孟塞尔表色系中色相为hue（H）、明度value（V）、纯度为chroma（C）。

图3.4.7　孟塞尔表色系的色相环与明度、纯度

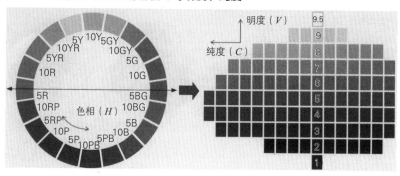

（a）色相环　　　　　　　　　　　　（b）明度与纯度

图3.4.8　孟塞尔色立体

色相（H）是在红（R）·黄（Y）·绿（G）·蓝（B）·紫（P）这5种色相中插入黄红（YR）、黄绿（GY）、蓝绿（BG）、蓝紫（PB）、红紫（RP）这5种中间色相后形成10种色相，每种色相再进一步细分成10份总共100种常用色相。各色相的代表色如5R、5BG是第5号色。图3.4.7（a）中表示色相的环就叫做**色相环**。位于这个环的180°位置上的色互为**补色**关系。图3.4.7（a）中由各色相中的第5号与第10号的色形成20种色相的色相环。（b）表示5R、5BG中明度与纯度的关系。

孟塞尔表色系如（b）所示，明度（V）在非彩色轴中从理想状态的黑$V=0$到理想状态的白（反射率100%）$V=10$之间对明度知觉上的差，按同样感觉分割，用数字表示（$V=0$与$V=10$是理想状态的色，图中用$V=1$到$V=9.5$表示）。纯度（C）用自非彩色的$C=0$离开的距离表示，离得越远纯度越高，对明度知觉上的差，按同样感觉分割，用数字表示。更高的纯度依明度和色相而不同。图3.4.8是将这些色相、明度、纯度的关系用立体表示的孟塞尔色立体概念图。三维显示的孟塞尔色

图3.4.9　XY色度图（JIS Z 8102–1995）

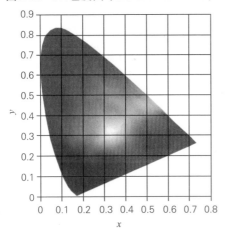

立体，纯度的最大值依色相和明度有所不同，所以，图中出现凸凹不齐的形状。

表示色的孟塞尔符号有彩色为H *V/C*，非彩色用表示非彩色的*N*，标记为*NV*。比如，5PB7/4表示*H*=5PB，*V*=7，*C*=4的淡蓝紫，*N*9.5表示白色。

7 *XYZ*表色系

这是由CIE（国际照明委员会）制定的表色系。在实际存在的三原色R（红）、G（绿）、B（蓝）的RGB表色系的基础上，变换出实际不存在的三原色*XYZ*的表色系。

通常用*x*=*X/*（*X*+*Y*+*Z*）*y*=*Y/*（*X*+*Y*+*Z*）表示色度的坐标（图3.4.9）和用*Y*表示的是色的明亮程度。白色位于色度图的（*x*，*y*）=（0.33，0.33）上，越靠近这位置颜色越淡，越移向其周边纯度越高越鲜明。2个色的加法混色结果，用色度图上由2个色的色度点连成的直线表示。

2. 色彩的心理效果

1 温度感

感觉温暖的色叫做**暖色**，感觉凉快、发冷的色叫做**冷色**。如

图3.4.10　暖色与冷色

暖色　　　　　　　中性色

冷色

图3.4.11　进入色与后退色

（a）进入色　　　（b）后退色

图3.4.10所示，波长较长色相的红紫·红·黄红·黄为暖色，短波长的绿·蓝绿·蓝·蓝紫为冷色，而非热非冷的黄绿、紫为**中性色**。

2　距离、大小感

即使处在同一位置，一些颜色看上去觉得很近，有些觉得较远。暖色系、明度高的颜色由于看上去感觉近，故称其为**进入色**；相反，冷色系和明度低的颜色觉得较远，故称其为**后退色**。同一大小的东西进入色显大，而称其为**膨胀色**，后退色显小则称其为**收缩色**（图3.4.11）。

3　分量感

颜色还分为给人轻量感和给人沉重感的色，明度越低给人印象越显得沉重，明度越高印象上越觉得轻，冷色让人感觉比暖色重（图3.4.12）。

4　颜色对比与同化

a. 对比

两种颜色放在一起互相影响，看到颜色上的区别被强调出来这一过程就叫对比。同样明度的灰色在白背景和黑背景上，感觉白背景上的灰色比黑背景上的灰色稍暗（图3.4.13），这样的对比叫**明度对比**，还有强调纯度的纯度对比（图3.4.14）、通过色相做**色相对比**以及补色关系上的颜色纯度显得更高的**补色对比**（图3.4.15）。

图3.4.12　色的分量感

暖色、明度高的左侧方箱与冷色、明度低的右侧方箱放在一起，左侧显得轻些

图3.4.13　明度对比

中心的灰色，从左侧看上去显得更暗

图3.4.14　纯度对比

中心的蓝色从右侧看上去更鲜明

图3.4.15　补色对比

中心的绿色，从右侧看上去更鲜艳

图3.4.16　色的同化　　　　图3.4.17　易见性　　图3.4.18　注目性

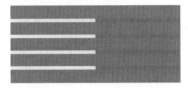

背景的绿色看左侧发黄，看右侧则发蓝

b. 同化

同化指某种颜色被其他颜色环绕、夹带时，会觉得与这些颜色很接近的现象，这是与对比相反的现象。如图3.4.16所示，左侧的黄色条纹其背景为绿色而看着发黄；右侧的蓝色条纹背景也是绿色，而看上去却显出蓝绿色。这就是条纹多的时候以及花纹密集的时候出现的同化现象，如加大条纹间隔即形成对比。

5 颜色的面积效果

面积的大小受看到的颜色明度、纯度的影响，面积大的一方比小的一方看着更鲜艳、明亮。从建筑物外墙颜色上取一小块样板，建成的建筑物总感觉比预想的更漂亮、鲜明。人靠眼睛目测颜色这种视感测色，对颜色的观察受试样大小的影响，所以，观察试样与做比较用的试样两者大小应相符，这样才能免受大小的影响。

6 易见性

有意识地观察物体时易于识别的性质叫做**易见性**。看到的对象（图案）与底色（背景）的颜色的色相、明度、纯度之差越大易见性越好，尤其明度差的影响更大。很小的明度差即使色相上有区别也不易察觉，这一现象叫做利布曼效应。背景黑时，黄色的易见性更高，蓝色、紫色易见性低（图3.4.17）。

7 注目性

虽然并未着意去看，目光也容易被吸引过去的性质叫**注目性**。就注目性而言一般有彩色高于非彩色，纯度高的颜色高于纯度低的颜色，暖色高于冷色这种倾向。红色和橙色的注目性最高，其次是蓝色，最低的是绿色（图3.4.18）。

8 记忆色

　　樱花为淡粉色，将其与晴空的蓝色等特定的陪衬联系起来就叫做记忆色。记忆色比实际颜色在明度、纯度上都有更高倾向。

9 色彩调和

　　我们身边的色彩大多数情况下都是由复数色构成。色彩如果由复数色构成，组合过程中就会发生调和·不调和的问题。一般容易调和的组合方法有：①同系·类似：色相、明度、纯度相同或类似的配色；②对照：色相、明度、纯度有对比的配色；③亲和：看着习惯的配色；④秩序：色相环上的正三角形、正方形等这类色立体上具有几何位置关系的配色。

3. 色彩设计

1 建筑物·室内的配色

　　色彩设计要在考虑色彩调和的基础上进行。

表3.4.2　几何学形状、安全色及对比色的一般含义（JIS Z 9101－2005）

几何形状		含义	安全色	对比色	图形符号色	适用举例
圆与斜线	例	禁止	红	白	黑	· 禁止吸烟 · 禁止入内 · 勿用饮料
圆	例	指示	蓝	白	白	· 使用劳保品 · 佩戴防护镜 · 从插座上拔下电源插头
正三角形	例	警告	黄	黑	黑	· 注意高温 · 酸液危险 · 高压电危险
正方形	长方形（例）	安全状态	绿	白	白	· 救护室 · 紧急出口 · 避难场所
正方形	长方形（例）	防火	红	白	白	· 火灾警报器 · 消防器具 · 灭火器
正方形（例）	长方形	辅助信息	白或安全色	黑或适当的安全标识对比色	适当的安全标识图形符号色	根据图形符号展示的形象适当表现的内容

配色上有**基调色**（base colour）、**配合色**（assort colour）、**强调色**（accent colour）这几种思路，按这一顺序决定。基调色（base colour）指建筑物外装修的外墙，室内的墙面、地面、顶棚上的色彩。因面积较大，足以左右建筑物及房间整体的氛围。室内部分使用高明度的非彩色、低纯度颜色。配合色（assort colour）占据着仅次于基调色的较大面积，外装修的屋顶、门窗等与其搭接，室内指窗帘、家具的色彩。配合色会给外装修及室内空间带来变化，如考虑整体统一感可采取同系·类似配色，追求变化时可采用对照配色。强调色（accent colour）指外装修的玄关门、扶手、阳台等，室内部分需强调照明、占据面积不大的配饰物等，以此聚拢出整体效果。一般对基调色·配合色要按照对照效果进行选择。

2 安全色

为了预防事故的发生及防灾、保证健康和安全，用色和标识的形状按JIS Z 9101-2005"安全色即安全标识——产业环境及引导用安全标识的设计通则"制定有表3.4.2所列的规定。

3 老年人色彩设计

眼睛长时间处于紫外线的照射下，晶状体中的蛋白质会被氨基酸分解变成黄色色素使晶状体黄变。这一现象于50岁以后开始出现进行性白内障，其结果是500nm以下的蓝光透过率显著下降，再进一步发展到白浊化就变成了白内障。老年人因为晶状体黄变，据说看到东西的颜色就像戴着黄色滤镜一样。但是，进入视网膜的光的分光分布会因年龄因素发生变化，与黄变以前看颜色的方式一样。如果有源于白内障的病变，对颜色的知觉也有变化，还需要视个人差异采取措施。

老年人辨别颜色的能力下降，这就要考虑到他们对低明度、低纯度的颜色很难做出判断，图案上极微小的颜色差别以及亮度差老年人很难看到，而且颜色的鲜艳程度据说也很难判断。有老年人长时间逗留的居室内装修应表现出明亮感，这种明亮感不仅指照明，装修色彩也很重要。如果地面用深色，选择内装修材料就应该考虑高反射率、明亮的颜色。

整理与练习题

请回答以下问题。[　]内需要填空，或选择里面的正确选项。

问1 明亮的地方和昏暗的地方视感度不同，[①] 和暗视觉的最大视感度波长分别为555nm、507nm，这一差别叫 [②] 现象。

问2 [①] 是光源的光强度，[②] 是受照面的明亮程度，[③] 表示从某个方向观察时表面光辉的一个指标，它们的单位分别为 [④]、[⑤]、[⑥]。

问3 把看到的对象看得很清楚叫做 [①]，作为明视条件包括 [②]、[③]、时间和明亮这4种。

问4 用于住宅居室采光的有效窗面积按建筑基准法的规定为居室面积的 [①] 以上，计算采光有效窗面积先求 [②]，再乘以窗开口面积求得。

问5 人工光源发光的颜色叫光色，人工光源的光色用 [①] 或相关色温表示。[①] 越低②越 [发红、发蓝]，[①] 越高③越 [发红、发蓝]。

问6 通过人工光源对色的知觉用 [①] 表示，[①] 的评价用 [②] R_a表示，基准光源（自然光）的色知觉用 与R_a100的差值来表示。

问7 色的三属性为 [①]、[②]、[③]，颜色中有具备这三属性的有彩色和只有 [②] 的 [④]。

问8 表色系分显色系和混色系。显色系的代表性表色系是 [①]，混色系的代表性表色系是 [②]。

住房与空气

本章的构成与目标

4-1 住房与换气

室内空气是看不到的，其实已经被二氧化碳等多种物质污染。为了健康就要定期换气，引入新鲜空气。此外还要学习因内装修材料、家具等散发有害物质而导致的装修综合征问题以及维护健康的基准。

4-2 换气的种类

要根据开口部的面积、形状、位置变化换气频率。换气方法有自然换气和机械换气，理解各自有哪些特征，还要学习室内的充分通风及通风设计。

4-1
住房与换气

1. 住房的空气及污染物质

　　人类的繁衍生息离不开空气，为了健康舒适地生活，住房的空气必须保持清洁。空气中包含有氮（N_2）、氧（O_2）、水蒸气，此外还有由人类活动等产生的污染物质。如图4.1.1所示：①人类；②燃烧器具；③建筑内装修材·家具；④其他流入室内的物质、室内产生的物质等都是污染源。住房内各种污染物的发生源如表4.1.1所示。污染物质分为气态污染物和粒子态污染物。

1 气态污染物

　　气态污染物如表4.1.2所示有二氧化碳（CO_2）和一氧化碳（CO）等，此外还有来自建材的挥发性有机化合物（VOC）。

图4.1.1　住房中的空气污染

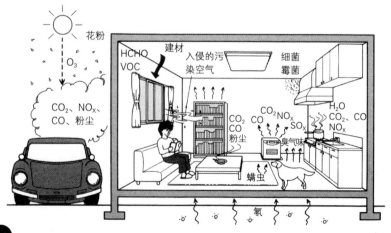

表4.1.1 住房内各类发生源的空气污染物质

发生源	污染物举例
人体	体臭、CO_2、氨、水蒸气、细菌、皮屑
人的活动	粉尘、纤维、细菌
吸烟	粉尘（焦油、尼古丁、其他）、CO、CO_2、氨、NO、NO_2、碳化氢类、各种致癌物
燃烧的机器	CO、CO_2、NO、NO_2、SO_2、碳化氢类、煤烟、甲醛
建材	甲醛、甲苯、二甲苯、玻璃纤维
其他	浮游粉尘、螨虫、霉菌、沙尘

表4.1.2 住房内的气态污染物

污染物名称	分子式	影响	发生源
二氧化碳	CO_2	只要非高温就不会有直接危害	人体、吸烟烟雾、燃烧的机器
一氧化碳	CO	严重危害人体	吸烟烟雾、燃烧的机器
亚硫酸气体（二氧化硫）	SO_2	对人体有害，导致哮喘	燃烧的机器
氮氧化物 一氧化氮 二氧化氮	NO NO_2	未证实对人体的直接伤害，但与氧化合成NO_2后对人体有害 刺激气管、对肺脏有严重伤害	吸烟烟雾、燃烧的机器
甲醛	HCHO	装修综合征候群	建材、家具、燃烧的机器
臭气味		住房内异味，对健康没有危害，但令人感觉不快	厨卫垃圾、排泄物、宠物、烹饪

a. 二氧化碳（CO_2）

　　来自人的呼吸和燃烧类机器的燃烧过程，空气中的浓度不超过1%就不会对人体造成影响。1%~2%时有不快感，3%~4%会出现脉搏加快、血压上升，头疼、眩晕、心悸等症状。超过10%只需几分钟就会失去意识而死亡。二氧化碳浓度的上升包括人的呼吸使空气污浊，二氧化碳浓度可作为空气污染的指标。

b. 一氧化碳（CO）

　　因空气中含氧不足造成燃烧机器的不完全燃烧，因此产生一氧化碳。人吸入一氧化碳后血液中的血红蛋白会凝固，氧的传输能力下降，体内无法得到所需的氧，这时就发生了一氧化碳中毒。因为一氧化碳无色无味，所以会无知觉地死去。最近的送暖风机一旦进入缺氧状态就会自动熄火，而用在开放型采暖炉上就必须充分注意安全。

c. 氮氧化物（NO_x）

氮氧化物中以一氧化氮（NO）和二氧化氮（NO_2）为主，通过高温燃烧，燃料中的氮、空气中的氮与氧化合生成氮氧化物。不稳定的一氧化氮与氧结合生成二氧化氮，二氧化氮对呼吸器官有危害。其发生源有户外的汽车引擎、锅炉等；室内有燃气烹饪设备、采暖器等燃料器具。室内来自燃烧器具的排气可通过排气扇等排到户外。

d. 甲醛（HCHO）

无色、有较强刺激味的气体，易溶于水，甲醛的水溶液叫做福尔马林，具有杀菌作用，常用作消毒及防腐剂使用。甲醛在建材、家具生产中作为粘接剂原料使用，在高温、高湿环境中容易挥发。所以处于室内的人会出现呼吸困难、头疼、眩晕、皮肤刺激以及恶心等诸症状。甲醛对人体的影响如表4.1.3所示。

e. 臭气味

舒适的正形象气味有"花香"、"芳香"，令人不快的负形象气味

表4.1.3　甲醛浓度及对人体的危害

浓度［ppm］		影响
推定中间值	报告值	
0.08	0.05~1	异味检测阈值
0.4	0.08~1.6	刺眼阈值
0.5	0.08~2.6	咽喉不适阈值
2.6	2~3	对眼、鼻的刺激
4.6	4~5	催泪（可承受30分钟）
15	10~21	强催泪（只能忍受1小时）
31	31~50	危及生命、浮肿、炎症、肺炎
104	50~104	死亡

表4.1.4 住房的粒子状污染物

种类	粒子大小（直径）[µm]	发生过程	发生源
沙尘	1~100	从外部进入	
烟渍	0.01~10	由户外进入的烟囱、炉灶的烟多为细微碳粒，还有些来自室内烧烤等烹饪操作产生的烟	烹饪
吸烟	0.01~0.3	室内吸烟造成的污染，由碳的小微粒、焦油的粒子构成	吸烟
棉絮物	纤维状 直径1~5 长度10~100	来自被褥的收放、衣服等	衣服、被褥
细菌	0.3~5	室外进入和室内发生两者都存在	
过敏源 花粉 螨虫、霉菌、宠物毛	10~30	主要来自户外 发生于室内	杉树、猪草等

有"异味"、"臭味"。臭味影响人的食欲，使工作效率下降。住宅臭味的主要来源是体臭、吸烟、烹饪、厨卫垃圾、排泄物、排水口、宠物等。在设法消除臭味来源、驱散臭味之前，局部排气等措施也很重要。

2 粒子状污染物

如下，住房中的粒子状主要污染物见表4.1.4。

a. 浮游粉尘

一般称液体或固体粒子为浮游粉尘（浮游粒子状物质），如：沙尘、燃烧排烟、吸烟等各种发生源。易吸入肺里面沉积的粉尘是大小 $1~10\mu m$（$1\mu m=10^{-3}mm$）的粒子。粉尘较多的工厂等场所有时会发生"矽肺"这种呼吸系统病，住房等地方不必担心。

b. 过敏源

对某种物质过敏的人，如吸入或接触该物质会出现哮喘、打喷嚏，眼、鼻、皮肤等部位发生炎症反应的这类物质叫做过敏源，例如螨虫、霉菌、荞麦皮、动物毛、花粉等，先天过敏性皮炎、过敏性鼻炎皆与此有关。花粉症中以开春时来自杉树花粉者居多。细菌通过皮肤、呼吸道等进入体内，也会引发过敏性疾患。

2. 换气

1 换气的目的

在门窗关闭的室内进行作业时，因人的呼吸产生的二氧化碳等污染物会对室内空气造成污染。从健康、舒适的角度考虑，就要排出这些污染物，引进新鲜的户外空气，这一替换过程就是**换气**。换气的目的是将被污染物污染的室内空气与新鲜空气做交换，保证室内空气的洁净。具体包括如下一些内容：

① 为人提供所需氧气；

② 将人排出的污染物控制在允许值以下；

③ 排出来自人体以外的有害污染物；

④ 为燃烧器具提供所需氧气；

⑤ 排出厨房、厕所、浴室等产生的热、烟、水蒸气、异味等。

另外，由于近年来住房的高气密性、高隔热性，造成以换气不足为诱因的**结露、霉菌、螨虫**等问题，从这一点考虑也凸显了换气的重要性。

2 法律上的规定

2003年7月修订的建筑基准法规定的"对居室散发化学物质的卫生措施"之前，一般住房的换气只通过窗口、开口部来实现，建筑基准法的要求是"居室要设有用于换气的窗户及其他开口部，该有效换气部位的面积不能低于居室面积的1/20"，如果能确保1/20以上面积就不需要换气设备。随着2003年7月建筑基准法的修订，换气已作为一项原则义务，要求住房等居室0.5次/h以上，其他居室0.3次/h以上24小时进行机械换气。另外，利用大规模中央管理方式（各居室的空气输送由中央管理室等集中控制的方式）的空气调节设备，维持建筑物室

表4.1.5 建筑基准法·楼房管理法中的空气质量规定

对象污染物质	允许浓度
二氧化碳	1000ppm以下
一氧化碳	10ppm以下
浮游粉尘，指粒径$10\mu m$（$=10^{-5}m$）以下的粒子	空气$1m^3$ 0.15mg以下
甲醛	空气$1m^3$ 0.1mg以下

内舒适的空气质量应达到的基准值，在建筑基准法中做了规定。而总建筑面积在3000m²以上的公寓住宅、医院等特定建筑物，则适用建筑物环境卫生管理基准（楼房管理法），其基准值与建筑基准法相同，这些基准值如表4.1.5所示。

③. 必要换气量的研究

所谓换气量就是1小时内导入室内的户外空气的量，一般用[m³/h]表示。室内空气1小时更换几次用**换气次数**[次/h]表示，即换气量与房间容积的比值。比如，换气次数为0.5次/h，则房间容积一半的空气可在1小时内更换完毕。为了住房生活的健康、安全，就要按表4.1.5中列出的那样，保证室内空气中的污染物不超过允许浓度。这时的换气量叫做**必要换气量**。

1 **必要换气量的计算方法**

下面介绍从室内发生的污染物允许浓度来计算所需换气量的方法。如图4.1.2所示，设室内发生的污染物允许浓度为C_i，含有户外流入的空气之后的浓度为C_o，室内污染物1小时的发生量为M，必要换气量为Q[m³/h]，计算公式如下：

图4.1.2 室内污染物发生量M与换气量Q的关系

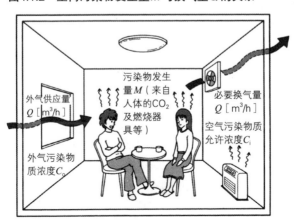

$$Q = \frac{M}{C_i - C_o} \quad [\text{m}^3/\text{h}] \qquad (4.1.1)$$

这里的M，在气态物质情况下的单位是［m^3/h］，在粒子状物质的情况下为［mg/h］。而C_i、C_o在气态物质情况下用［％］、［ppm］的比例。％、ppm为气态物质的容积［m^3］对房间容积［m^3］的比值再乘以10^2或10^6的倍数。所以，代入式中以后，要使用复原的值，即使用10^2或10^6倍数后的数值。粒子状物质的情况下，C_i、C_o的单位为［mg/m^3］、［$\mu\text{g/m}^3$］。

必要换气量往往针对人体发生的污染物质，按每人所需的必要换气量［$\text{m}^3/(\text{h}\cdot\text{人})$］计算。

② 从二氧化碳允许浓度计算必要换气量举例

一般，室内空气的优劣可用室内的二氧化碳浓度来评价。因为人体产生的污染物质浓度就是来自人体的二氧化碳产生量的比例。一般居室的二氧化碳允许浓度如表4.1.5所示，如果在0.1％（1000ppm）以下对健康就不会有影响。

a. 静坐不动时所需的换气量

如表4.1.6所示，成人静坐时二氧化碳的产生量为每人$M=0.01\text{m}^3/\text{h}$。室内的二氧化碳允许浓度为$C_i=0.1\%（=0.1\times10^{-2}）$，外气的二氧化碳浓度$C_o=0.03\%（=0.03\times10^{-2}）$，所需换气量$Q$［$\text{m}^3/\text{h}$］即：

$$Q = \frac{0.015}{(0.001 - 0.0003)} = 21.4 \quad [\text{m}^3/\text{h}] \qquad (4.1.2)$$

采用建筑基准法要求的20$\text{m}^3/(\text{h}\cdot\text{人})$。房间里有多人时按人数的倍数。

表4.1.6　人体释放的污染物

污染物	污染物发生量（不同作业状态）			
	静坐时	事务性轻工作时	悠闲行走	晨练
O_2消费量	0.017m^3/h	0.020m^3/h	0.025m^3/h	0.040m^3/h
CO_2	0.015m^3/h	0.020m^3/h	0.023m^3/h	0.042m^3/h
H_2O（水蒸气）	40g/h	60g/h	80g/h	200g/h

b. 工作场所的必要换气量

从事事务性轻工作时的二氧化碳发生量为人均 $M=0.020\text{m}^3/\text{h}$，必要换气量 Q [m^3/h] 即：

$$Q=\frac{0.02}{(0.001-0.0003)}=28.6 \quad [\text{m}^3/\text{h}] \qquad (4.1.3)$$

做换气设计时通常按人均换气量为30m^3/h考虑。在为室内人员供氧并不会觉察体臭的情况下必要换气量可按人均30m^3/h考虑。

3 按氧的允许浓度计算必要换气量

如果不做室内换气，空气中氧的浓度下降就会供氧不足，下面是从事室内轻微工作时，按氧的浓度计算必要换气量的方法。由表4.1.6可知从事室内事务性轻微工作时的耗氧量为每人 $M=0.020\text{m}^3/\text{h}$。空气中的含氧浓度通常为 $C_i=21\%$（$=21\times10^{-2}$），降至 $C_o=19\%$（$=19\times10^{-2}$）也不会对健康造成影响。必要换气量 Q[m^3/h] 即：

$$Q=\frac{0.02}{(0.21-0.19)}=1.0 \quad [\text{m}^3/\text{h}] \qquad (4.1.4)$$

如**2**b. 所讲过的那样，二氧化碳必要换气量在1/30以下，可见如果能从二氧化碳允许浓度研究换气量，就没有必要按氧的浓度研究换气量。

4 使用燃烧类器具时所需换气量

使用煤气炉等燃烧类器具的房间，二氧化碳等浓度会因燃烧而增加，这时就不能再以房间内来自人体的二氧化碳浓度为基准值了，必要换气量依房间用途、污染物的发生状况而有所不同。燃烧类器具如图4.1.3所示有3种类型。

a. 开放型燃烧类器具

燃烧所需的空气来自室内，燃烧过程产生的废气也排放在室内，为了将其排出去就要换气。煤气炉、封闭型或开放型送暖风机等属于这种类型。使用开放型燃烧器具时，室内的氧被燃烧消耗，燃烧产生的废气排到室内，向外排放废气同时还要为燃烧供氧，因此必须注意房间的换气。在换气条件差的室内使用开放型燃烧器具氧的浓度就会下降，如低于19%，燃烧器具产生的一氧化碳就会急剧增加，人体则

图4.1.3 燃烧类器具的种类

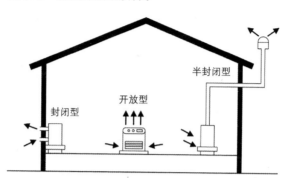

陷入危险境地。

b. 封闭型燃烧器具

　　燃烧所需空气从户外进入室内，燃烧产生的废气再排放到户外，不会对室内造成污染，保持清洁卫生。FF型（强制给排气）煤气炉。BF型（外气直接给排气）浴室热水器等都属于此类。

c. 半封闭型燃烧器具

　　燃烧所需空气使用的是室内空气，燃烧废气经排气管道排放到户外，由烟囱排气的浴室热水器、采暖用锅炉等都属于此类。

⑤ 用火房间的换气基准

　　建筑基准法对用火房间的换气设备有规定。厨房等使用机械换气设备的换气基准如表4.1.7所示，使用按不同燃料制定的理论废气量 K。根据换气扇形状、有无排烟罩等的有效换气量 V 也不一样。图4.1.4所示的 V 在无排烟罩的情况下理论废气量是燃料消耗量的40倍，排烟罩I型是30倍，Ⅱ型是20倍，这些即作为排气扇的有效换气量。使用这种向室内排气的燃烧器具的厨房等，为了把废气排到户外，再充分补充燃烧所需空气，其换气量就比一般居室要大很多。建筑基准法规定室内氧分浓度不得低于20.5%，以免发生不完全燃烧。

⑥ 用空气年龄评价换气性能

　　至此所说过的换气量是基于这样一些假设：从给气口进入的新

图4.1.4 不同形状烟罩的有效排气量［换气设备（机械换气设备）的基准，法规28条3项，令23条之3，1970年建告1826号］

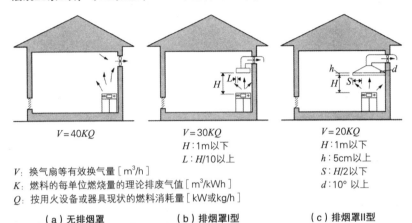

$V=40KQ$

$V=30KQ$
H：1m以下
L：H/10以上

$V=20KQ$
H：1m以下
h：5cm以上
S：H/2以下
d：10°以上

V：换气扇等有效换气量［m³/h］
K：燃料的每单位燃烧量的理论排废气值［m³/kWh］
Q：按用火设备或器具现状的燃料消耗量［kW或kg/h］

（a）无排烟罩　　　　　（b）排烟罩I型　　　　　（c）排烟罩II型

表4.1.7 **燃料的每单位燃烧量的理论排废气值K**（1970年建设省告示第1826号）

燃料种类		理论废气量
燃料名称	热值	
城市煤气	—	0.93m³/kWh
LP煤气（丙烷气）	50.2MJ/kg	0.93m³/kWh
煤油	43.1MJ/kg	12.1m³/kg

鲜空气与室内的污浊空气瞬间做同样扩散，完全混合，室内每一部位都处在同样污染浓度上。可实际上，给气口附近的空气受污染很少，而排气口附近的污染物比较集中，污染程度处在加深状态。由于室内污染物质分布不匀，也就有必要掌握换气效率。其指标之一就是**空气年龄**。如图4.1.5所示，流入室内的新鲜空气达到室内P点所需的时间就称其为空气年龄。达到P点有不同的路

图4.1.5 **空气年龄的思路**

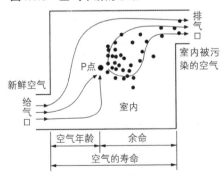

径，为此这一时间要使用平均值。空气年龄越小供给P点的空气污染度越低，空气也越新鲜。而从P点到排气口所需时间则称其为**余命**。如果P点是污染物的发生源，余命又很小，就可以尽早排出污染物质。空气年龄与余命之和就是空气寿命。

④. 装修综合征对策

新建、改建后的住宅因为建材、家具等散发出**挥发性有机化合物**（甲醛、甲苯、二甲苯）造成的室内空气污染，出现的眩晕、恶心、头疼、咽喉痛等症状就叫**装修综合征**，并造成由此产生的危害健康问题。2003年7月修订的建筑基准法对装修综合征对策做出规制，对与甲醛相关的建材及换气设备做出规定（甲醛对策），并禁止使用用于驱除白蚁的毒死蜱。

甲醛对策如图4.1.6所示，规定①内装修上的限制、②设置换气设备的义务、③顶棚里面等部位的使用限制。

1 内装修方面的限制

建筑基准法的告示规定了17种建材限制在内装修中使用，JIS（日本农林标准）、伴随建筑基准法的修订JIS也做了调整。无关JAS、JIS的建材等，经国土交通大臣批准可以按照与JAS、JIS同等标准处理。表4.1.8按甲醛散发速度对JAS、JIS做了级别划分，第1种散发甲醛的建材禁止在居室内装修中使用，第2种、第3种散发甲醛的建材限制使用面积。所谓甲醛散发速度指1小时内1m²建材所的甲醛散发量。

另外，对于甲醛以外的化学物质也要预防装修综合征对健康造成的危害，表4.1.9为厚生劳动省公布的浓度指针。

2 设置换气设备的义务

即使不使用含甲醛的建材，家具等仍然存在甲醛散发，因此，利用鼓风机、排风机等机械力进行机械换气就成为一项义务。原则上住宅等居室中换气次数要求在0.5次/h以上，住宅等居室以外的房间换气次数要在0.3次/h以上。所谓住宅等居室指住宅的居室、家庭旅馆的住

图4.1.6 装修综合征对策

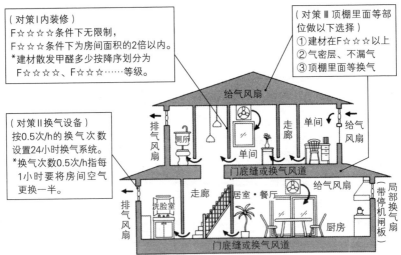

（对策I内装修）
F☆☆☆☆条件下无限制，
F☆☆☆条件下为房间面积的2倍以内。
*建材散发甲醛多少按降序划分为
 F☆☆☆☆、F☆☆☆……等级。

（对策III顶棚里面等部位做以下选择）
①建材在F☆☆☆以上
②气密层、不漏气
③顶棚里面等换气

（对策II换气设备）
按0.5次/h的换气次数设置24小时换气系统。
*换气次数0.5次/h指每1小时要将房间空气更换一半。

给气风扇

排气风扇　厕所　单间　走廊　单间　给气风扇

门底缝或换气风道

排气风扇　洗脸室　走廊　居室・餐厅　给气风扇　厨房　局部换气扇（带停机闸板）

门底缝或换气风道

表4.1.8 有关甲醛的建材等级划分

甲醛散发速度 [mg/(m² · h)]	告示规定的建材		内装修限制
	名称	JAS、JIS	
0.005以下		F☆☆☆☆	无使用限制
超0.005，0.02以下	第3种散发甲醛的建材	F☆☆☆	限制使用面积
超0.02，0.12以下	第2种散发甲醛的建材	F☆☆	
超0.12	第1种散发甲醛的建材	无等级	禁止使用

房、宿舍的寝室、销售家具的商铺卖场。

❸ 装修综合征对策的对象房间

建筑基准法关于装修综合征对策对象的住宅空间有如下一些规定：

①建筑基准法第2条第4号规定的居室，居住用的客厅、餐厅、厨房、卧室、儿童室、书房等；

②建筑基准法第2条第4号中不视为居室的走廊、楼梯、厕所、洗脸室、浴室等，如处在换气设计的换气路径上也要按居室处理；

表4.1.9　厚生劳动省规定的化学物质浓度指针值

化学物质名	室内浓度指针值		化学物质名	室内浓度指针值	
	重量浓度	体积浓度[注1]		重量浓度	体积浓度[注1]
甲醛	0.1mg/m³	0.08ppm	邻苯二甲酸癸酯	0.22mg/m³	0.02ppm
乙醛	0.048mg/m³	0.03ppm	十四烷	0.33mg/m³	0.04ppm
甲苯	0.26mg/m³	0.07ppm	邻苯二甲酸乙基己醇	0.12mg/m³	7.6ppb[注2]
二甲苯	0.87mg/m³	0.20ppm			
乙苯	3.8mg/m³	0.88ppm	daianozin	0.00029mg/m³	0.02ppb
苯乙烯	0.22mg/m³	0.05ppm	fuenobukarubu	0.33mg/m³	3.8ppb
防虫剂	0.24mg/m³	0.04ppm	毒死蜱	0.001mg/m³	0.07ppb

注1：25℃换算
注2：ppb即10亿分之一。×10⁻⁹。

　　③附属于上述①中居室的壁柜、储物间如处在换气设计的换气路径上也要按居室处理。但是，仅限排气场合在顶棚里面。

4 顶棚里面等部位的限制

　　顶棚里面等部位（也包括顶棚里面、仓房里面、地板下面、墙、储物间及其他类似的建筑部位、居室的储物空间）龙骨材料要使用甲醛散发量小的建材，或采用机械换气设备对顶棚里面进行换气的结构。

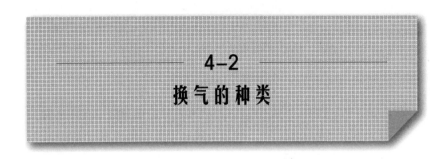

4-2
换气的种类

1. 换气方法的种类

　　空气由压力高的地方向低的地方流动，换气即靠这一压力差完成。通过压力差产生的驱动力进行换气的方法如图4.2.1所示，可分为利用自然力的**自然换气**和利用机械的**机械换气**（强制换气）。自然换气有通过室内外的温度差这种**温差换气**（**重力换气**）和利用自然风的**风力换气**。机械换气按引入外气侧（给气侧）及排气侧的鼓风机、排风机的组合方式可分为3种类型。换气如图4.2.1所示，按室内的换气范围又分为**全体换气**和**局部换气**。

1 换气原理

　　如图4.2.2所示，面积为 A [m^2] 的开口部前后产生压力差 ΔP（德尔塔坡[ˈdeltə, piɪ]）[Pa：帕斯卡] 时，空气会通过开口流动。设空气密度为

图4.2.1　换气方法种类

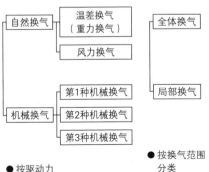

图4.2.2　开口部的压力差与流量

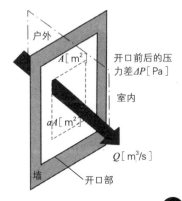

ρ（$|rol|$）〔kg/m^3〕，由开口部阻力决定的**流量系数**为 α（$|'æl/əl|$），流速为 υ〔m/s〕，开口部流过的空气流量 Q〔m^3/s〕即可用下式求出：

$$Q = \alpha A \upsilon = \alpha A \sqrt{\dfrac{2}{\rho}\varDelta P} \quad 〔m^3/s〕 \qquad （4.2.1）$$

流量系数 α 如图4.2.3依开口部形状和百叶窗的开启情况而不同，通常窗的流量系数为0.6~0.7，形状呈柔和变化的钟形约1.0。αA 叫做**有效开口面积**或**实效面积**，表示空气通过时的实质面积。

设有多处开口时的 αA，通过合成将其看做一个开口来处理。合成时如图4.2.4那样将通过开口1、2的空气按相同流量导入的串联结合（a）与开口1、2的前后压力差 $\varDelta P$ 也视为相等导入的并联结合（b）。

图4.2.3　开口部形状与流量系数 α

通常的窗	钟形	百叶窗
空气 → 缩小	空气 → 大小没有变化	空气 → θ，依开口角度 θ，α 不一样
$\alpha = 0.6~0.7$	$\alpha = $ 约1.0	$\theta=90°$、$a=0.70$　$\theta=50°$、$a=0.42$ $\theta=70°$、$a=0.58$　$\theta=30°$、$a=0.23$

图4.2.4　串联结合与并联结合

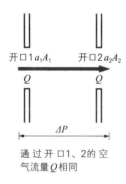

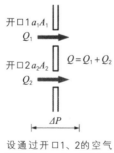

通过开口的空气流量 Q 相同，所以用串联结合

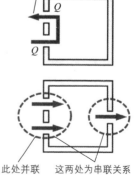

此处并联　这两处为串联关系

开口1 a_1A_1　开口2 a_2A_2

Q　Q

$\varDelta P$

通过开口1、2的空气流量 Q 相同

（a）串联结合

开口1 a_1A_1
Q_1

开口2 a_2A_2
Q_2

$Q = Q_1 + Q_2$

$\varDelta P$

设通过开口1、2的空气流量为 Q_1、Q_2，通过的流量合计即 $Q = Q_1 + Q_2$。

（b）并联结合

合成的 αA 分别如下式：

① 串联结合的合成：$\alpha A = \dfrac{1}{\sqrt{(\dfrac{1}{\alpha_1 A_1})^2 + (\dfrac{1}{\alpha_2 A_2})^2}}$ 〔m^2〕　（4.2.2）

② 并联结合的合成：$\alpha A = \alpha_1 A_1 + \alpha_2 A_2$ 〔m^2〕　（4.2.3）

2 自然换气

　　自然换气利用室内外温差及风力，室内外温差较小的春秋季靠温差换气，而无风时就不能再依靠风力换气。自然换气虽然节能，但很难随时确保稳定的换气量。

a. 温差换气（重力换气）

　　空气随着温度的升高会降低密度而变轻，温度越低密度越大而变重。因室内外温差产生的空气密度差转而形成压力差，空气或自室内向室外，或自室外向室内流动。图4.2.5是出于对冬季采暖期的考虑，室外的空气比室内温度低、密度大，所以室内的下方外面压力大于室内。而室内的上方比外气压力大，由于这一压力差外墙上如设有上下开口部，空气就从下方开口流入室内，从上部开口流出室外。夏季开

图4.2.5　采暖期的室内外压力差分布

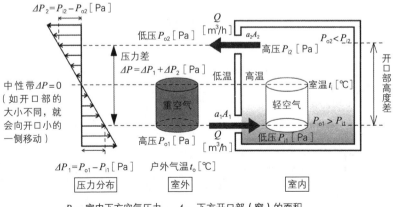

P_{i1}：室内下方空气压力　　A_1：下方开口部（窗）的面积
P_{i2}：室内上方空气压力　　A_2：上方开口部（窗）的面积
P_{o1}：室外下方空气压力　　α_1：下方开口部的流量系数
P_{o2}：室外上方空气压力　　α_2：上方开口部的流量系数

空调时则与此相反，热空气从上部开口进入，从下方开口向室外流出空气。室内外压力相等压力差为0的部位叫做**中性带**，这一部位不会发生换气。室内外温差、上下开口部的距离（图4.2.6）、开口部的面积这些数值越大换气量越多。上部开口部大（αA 大）时中性带如图4.2.7那样向开口大的一侧靠近。

通过开口的风量（换气量）Q [m^3/s] 的计算方法如图4.2.5所示，设室温为t_1 [℃]、户外气温为t_0 [℃]、开口的高度差为h [m]、重力加速度为g [m/s^2]：

$$Q = \alpha A \sqrt{\frac{2g(t_i - t_o)h}{t_i + 273}} \quad [m^3/s] \qquad （4.2.4）$$

当窗处于图4.2.5的位置时，αA 要按串联结合计算。

b. 风力换气

如图4.2.8所示，有风吹到建筑物上时，迎风侧压力升高，另一侧

图4.2.6　开口位置与换气量的关系（开口 αA相同时）

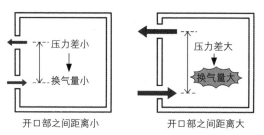

开口部之间距离小　　　　　　　开口部之间距离大

图4.2.7　开口大小与中性带的关系

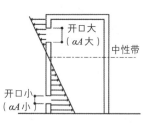

图4.2.8　风力换气

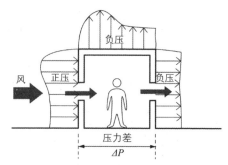

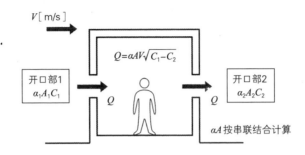

图4.2.9　风力换气的换气量

为建筑物的背面压力下降，由此产生压力差，空气从建筑物的窗口及开口部流入，从另一侧的开口部流出。出于换气上的需要，上风和下风处都要设开口部。无风情况下无法进行风力换气。

设作用在建筑物上的风压为P_W [Pa]、风速为V [m/s]，空气密度为ρ [kg/m³]，则风压的计算公式如下：

$$P_W = C \frac{\rho}{2} V^2 \quad [\text{Pa}] \qquad （4.2.5）$$

这里的C为风压系数，根据上风、下风等有不同比例常数。风压与速度的平方成正比。

如图4.2.9，设开口1流量系数为α，开口面积为A_1 [m²]，风压系数为C_1，开口2流量系数为α_2，开口面积为A_2 [m²]，风压系数为C_2，风速为V [m/s]，则换气量Q [m³/s]按下式计算：

$$Q = \alpha A V \sqrt{C_1 - C_2} \quad [\text{m}^3/\text{s}] \qquad （4.2.6）$$

这里，当窗的位置如图所示时，αA可按串联结合求解。而换气量如公式（4.2.6），有效开口面积与风速大致成正比。

如上自然换气包括温差换气和风力换气，通常利用这两种方法进行换气，当然无风的情况另当别论。

③ 机械换气

如图4.2.10所示，机械换气有第1种、第2种、第3种这三种类型。

a. 第1种机械换气

给气侧使用鼓风机，排气侧使用排风机，给排气都属于机械动力，所以可以稳定完成换气量。供室内部分的空气要与调节温湿度、洁净度的空气调和设备并用，往往针对剧场等大型空间。如使用鼓风机、排风机将增加较高的设备费、运转费。另外还可以使用全热交换器。

b. 第2种机械换气

这是在给气侧使用鼓风机，排气侧用自然排气的方法。由鼓风机送入空气，室内气压即高于室外气压力（正压），可防止污染空气的流入。适用于手术室、无尘室。

c. 第3种机械换气

这是在排气侧设有排风机，由给气侧自然给气的方法。与第2种机械换气相反，用排风机把空气向外排，可有效排出室内的污染物质。室内压力比室外小（负压），室内的污染空气只经排气口排出，不会从窗、开口部向外扩散。适合一般居室以及厨房、厕所、浴室等有异味、产生潮气的房间。

上面这些机械换气的换气量取决于鼓风机、排风机的性能，若不能在外墙上直接装换气扇，架设管道时管道的空气阻力、给排气口的迎风都会使换气量减少。为此，选择换气扇时要考虑到空气阻力及风的影响会减少换气量。

4 整体换气与局部换气

如图4.2.1所示，根据换气范围可分为整体换气与局部换气。为了排除室内大范围发生的二氧化碳、甲醛等污染物质，就要采取为房间

图4.2.10　机械换气的种类

- 大多包括空调设备
- 换气量任选、一定量
- 适于需要较大换气量的场所

- 适于无尘室、手术室
- 换气量任意、一定量

- 适于浴室、厨房、厕所等
- 换气量任意、一定量

（a）第1种机械换气　　　（b）第2种机械换气　　　（c）第3种机械换气

图4.2.11　局部换气

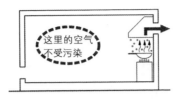

图4.2.12　换气路径及换气效率

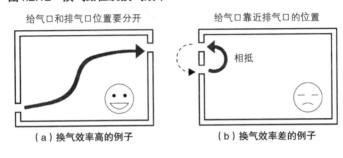

（a）换气效率高的例子　　　　　　（b）换气效率差的例子

整体送空气的整体换气。另外，如厨房、煤气灶这类局部污染的部位，如图4.2.11可采用局部换气，在污染物于室内扩散之前经排烟罩等排出户外。

2. 换气设计

为了进行有效排气就要拉开给气口与排气口的距离。如图4.2.12（a），换气路径越长，导入的空气经过室内，污染物质就越容易向外排出。如果像（b）这样换气路径短，导入的新鲜空气就难以涵盖室内，室内的污染空气得不到稀释就立即排出，降低换气效率。还要想到向外排出的室内污染空气，未经稀释就又进入了给气口。换气路径短造成的这种现象叫做**相抵**。

新鲜空气通过换气路径向需要换气的室内给气，浴室、厕所等存在的异味、水蒸气则需要排出，这些都需要做好计划。图4.2.13为公寓住宅按第3种机械换气的设计实例。针对居室的给气为自然给气，

图4.2.13 换气路径计划举例

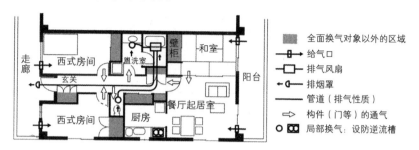

图4.2.14 全热换热器

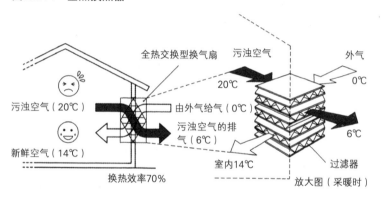

排气通过设在顶棚里面的排气扇进行，厕所及盥洗室的排气由管道引至风扇。另外，通气路径经居室的门底缝等流向走廊，储物空间不在换气对象范围内。

使用空调季节，室内冷空气、热空气的热量不想通过换气白白放掉，为了减少热损耗，把室内空气温度、湿度的能量置换给外气换气用的**全热交换器**加以利用（图4.2.14）。这种情况下，属于第1种机械换气，室温变动小，热交换率70%，符合节能要求。

③ 通风

换气时要对室内空气更替的空气量给予重视，而通风通过室内充分的空气流通，来抑制室内发生的热量、日照带来的室温升高，这些风可以调低体感温度，是可以获得凉爽的自然换气。所以，通风与风量一样重在气流速度，凉爽感离不开适当的气流。人体感觉到气流的最低速度是0.4~0.5m/s，以1.0~1.5m/s以下，桌子上的纸张飘不起来为宜。为了达到良好的通风还要考虑风的流通路径，如图4.2.15（a）所示，建筑物的上风处、下风处尽量开设大面积的窗等开口部。为了提高换气效率更要在便于夏季有风吹入的位置设开口部。不是（b）那样的下风窗，应设置侧面窗以便风的流通遍及角落里的弱风部位。

从立体方位看上去如图4.2.16（a），建筑物的上风、下风尽量开设大面积的窗等开口部，可以形成良好的通风。如（b）把窗设在靠近顶棚的地方，风只是贴着顶棚流过不能给人带来清凉。由（c）可知虽然设有较大窗口，但只形成上风不能流经室内。

图4.2.15　风的通道的形成（平面）

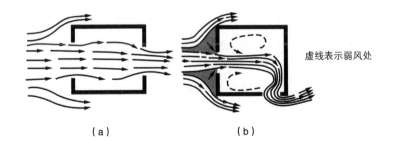

虚线表示弱风处

（a）　　　　　　　　　　（b）

图4.2.16　通风方式（立面）

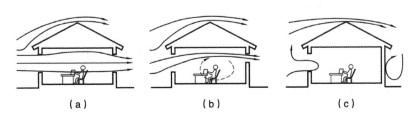

（a）　　　　　　　（b）　　　　　　　（c）

整理与练习题

请回答以下问题。[　]内需要填空，或选择里面的正确选项。

问1　室内污染物质有二氧化氮（NO_2）、一氧化氮（NO）等的 [①] 和沙尘、吸烟、花粉、螨虫等造成过敏原因的应变源的 [②]。

问2　被污染物质污染的室内空气与新鲜的外气的替换过程叫换气。这时空气中的污染物质应保持在允许浓度以下，这一换气量叫做 [①]，换气量用每小时外气导入量 [m^3/h] 或 [②][次/h] 表示。

问3　求3个成年人的居室里的必要换气量 Q [m^3/h]。由表4.1.5可知一般居室的二氧化碳允许浓度为 $C_i = 0.1\%$（1000ppm），表4.1.6表明静坐中的成人人均二氧化碳发生量为 $M = 0.015m^3/h$。外气的二氧化碳允许浓度为 $C_o = 0.03\%$（300ppm）；此时必要换气量 Q [m^3/h] 为 [①][m^3/h]。

问4　建材等散发的甲醛等 [①] 造成的眩晕、头疼等症状叫做 [②]。甲醛对策中包括对内装修的限制、[③]、对顶棚里面的限制这3种。

问5　换气方法分为自然换气和机械换气。自然换气有 [①] 和 [②]。机械换气分为给气侧有鼓风机，排气侧有排风机的第1种机械换气；给气侧有鼓风机，排气侧有 [③] 的第2种机械换气和给气侧 [④]，排气侧用换气扇的第3种机械换气。

问6　图4.2.9中设风速 $V = 4m/s$、开口1的有效开口面积 $\alpha_1 A_1 = 2m^2$、风压系数 $C_1 = +0.6$；设开口2的有效开口面积 $\alpha_2 A_2 = 4m^2$、风压系数 $C_2 = -0.4$，则换气量 $Q = $[①][m^3/s]。

问7　换气时要对室内空气更替的空气量给予重视，而造成凉爽就需要由适度气流形成的 [①]，与风量一样其 [②] 也同样重要。

住房与热

本章的构成与目标

5-1 人与温暖感
人不仅自身会发出热量，对来自周围的热也有感觉，过热过冷都不好受。
为了营造舒适的温暖环境，不仅与气温，还与气流、着装等六大要素相关，
这里将学习对这些做评价的温暖指标。

5-2 住房与热
住房从外面吸收太阳的热量，里面有暖气等发出的热量。热量不会散失的
住宅有利于节能。理解热的传递原理，学习在蓄热方面材料的不同特性、
保温材料的合理安装等。

5-3 住房的潮气与结露
潮气是结露及发霉的诱因，对住宅有损害，对人体健康也有不良影响。通
过读取空气线图，理解湿度与气温的关系以及结露的原理。

5-1
人与温暖感

1. 人体的热收支

1 人体与热的互动

　　一个健康人的体温（正常体温）为36~37℃，热源为摄取的食物、营养素。身体的骨骼肌、肝脏、心脏等组织随着细胞的物质代谢发出的热量，经血液输送给各组织，通过血液循环为全身做均等地分配。这一过程中血液流经皮肤表面的毛细血管时，受外界冷空气的影响，如图5.1.1，通过**辐射、对流、传导**把热量散发出去。而残留体内的热量则通过肺（呼吸）和皮肤的水分蒸发（非出汗）、出汗散发出去。

　　辐射是热量通过热线（电磁波）形式移动的现象，出自皮肤的辐射发生在周围墙壁、顶棚、地面的温度低于皮肤温度的时候，这一温差越大辐射带走的热量也越多。

　　外界气温比皮肤温度低时，热量会通过皮肤表面、呼吸道传递给空气，形成热的散发。靠近皮肤表面的空气因热传导而被升温，形成空气的对流，皮肤周围空气的替换增大了身体热量的损

图5.1.1　人体的热量散失

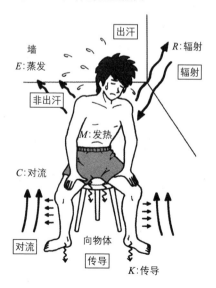

失。所以，遇到风吹或身体活动时就会因对流造成更多的热量损失。

人体表面的水分蒸发有非出汗和出汗，非出汗在无关体温调节的情况下进行，而出汗是气温过高时以散发热量为目的的反射性行为。所以，气温高时可通过水分蒸发释放热量，气温低时通过辐射及对流促进散发。在25℃气温下裸身时人体热的散发比例为：辐射占60%，蒸发占25%，对流12%，向物体传导为3%。

2 体温调节

就是将体内的热产出和热释放调整为平衡状态，让体温保持在一定范围内的过程。如果外界气温低，体内细胞的物质代谢会旺盛起来促进热量的产生，通过皮肤血管收缩抑制热量的散失以此维持体温，体温调节显示的就是这样一种生理反应过程。这种情况下，感觉冷就要加衣服，或开暖气升高室温，减少体内热量的散失，就可以暖和起来。而外界气温高皮肤血管就会扩张，血流量增加促进热量的释放，以此维持正常体温。如此仍无法调节时，还可以通过出汗蒸发水分，通过蒸发过程中的带走热量抑制体温的上升。这时如感到热就要脱衣服，或移至迎风处或开空调，减少热的产生感受凉爽。

对于这类温暖环境的变化，通过出汗、血管收缩·扩张来调节体温的过程叫做**自律性体温调节**，通过增减衣服、制冷采暖器具等进行体温调节叫做**行动性体温调节**。行动性体温调节通过或冷或热的知觉所产生的温暖感觉来进行，但是，人们都知道老年人的冷热感觉已经下降。

2. 温暖六要素

如图5.1.1所示，体内产生的热量M、与周围空气对流中的热散失C、辐射造成的R、非出汗及流汗中水分蒸发E、向物体传导的K，人体与周围的热环境可以用公式（5.1.1）~公式（5.1.3）的关系来表示。

$$M=C+R+E+K \qquad (5.1.1)$$

$$M>C+R+E+K \qquad (5.1.2)$$

$$M<C+R+E+K \qquad (5.1.3)$$

热环境呈平面状态时产热与放热相等，所以，当用公式（5.1.1）表示时，人对热环境感觉很舒适；公式（5.1.2）时，发热量大而人体散发的热量小，造成散热不足感觉热；公式（5.1.3）时，发热量小而人体散发的热量大，感觉冷。

如此，人体是通过对流、辐射、传导、蒸发向体外散发热量，给这些造成影响的温暖要素包括**气温、辐射温度、湿度、气流**（风速）这四要素。作为影响"冷"与"热"这种温暖感觉的要素还有**着装多少和代谢量**这两个要素，把这些合并起来称作**温暖六要素**（图5.1.2）。即使同一温度较厚着装与单衣，经由衣服的散热也不一样，所以对热度的感受各不相同。与静坐读书相比做运动的时候，越激烈越促进身体发热，即使单衣也不会觉得冷。

1 温度·湿度·气流

装有大规模中央管理方式的空调设备的建筑物，要遵照建筑基准法、建筑物环境卫生管理基准（楼房管理法）制定的影响温暖环境的温度·湿度·气流的室内环境基准值。这些基准值见表5.1.1，温度

图5.1.2　温暖六要素

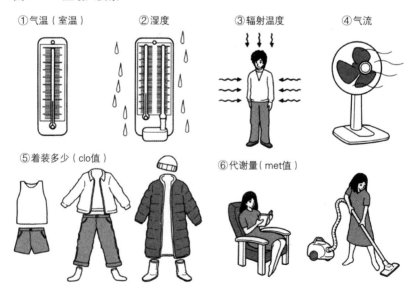

①气温（室温）　②湿度　③辐射温度　④气流

⑤着装多少（clo值）　⑥代谢量（met值）

表5.1.1　建筑基准法·楼房管理法中的空气环境基准

	空气环境的基准
温度	①17~28℃ ②居室温度低于户外温度时，温差不能太明显
相对湿度	40%~70%
气流	0.5m/s以下

17℃，相对湿度（参照5-3节）40%是冬季最低值，28℃、70%是夏季最高值。直接处于0.5m/s以上的气流中会感觉不适，因此不作为一般住宅的基准，在考虑温暖环境的基础上可供参考。

图5.1.3　球形温度计

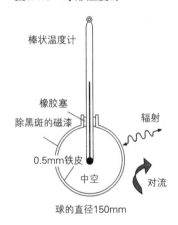

棒状温度计

橡胶塞

除黑斑的磁漆

辐射

0.5mm铁皮

中空

对流

球的直径150mm

2 辐射温度

在室内的人与不同表面温度的周围墙壁、顶棚、地面之间会进行辐射热的交换。辐射温度使用的是室内各方面的表面温度均一时的**平均辐射温度**（MRT：Mean Radiant Temperature）t_r [℃]，是近似于室内表面温度的平均值。平均辐射温度如图5.1.3所示，可通过球形温度计测出球部温度，下式可做实用性计算：

$$t_r = t_g + 2.37\sqrt{v}\ (t_g - t_a)\ [℃] \qquad (5.1.4)$$

这里 t_g [℃] 是球部温度，v [m/s] 是气流，t_a [℃] 是室温。

在室温与平均辐射温度不一样的室内，室温与平均辐射温度会带给人对流与辐射双重的影响，将其平均下来的环境温度叫做作用温度（OT：Operative Temperature）t_g [℃]。如果气流小，作用温度即近似于球部温度 t_g。

3 着装多少

衣服可以起到阻挡身体表面与周围空气之间热移动的作用，着装多少用热阻力值表示。在温度21℃，相对湿度50%，气流0.1m/s的室

图5.1.4　着装多少与clo值

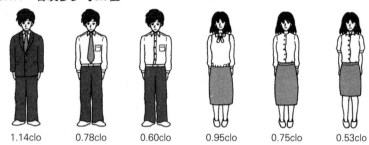

1.14clo　　0.78clo　　0.60clo　　0.95clo　　0.75clo　　0.53clo

图5.1.5　活动状态与代谢量（met）

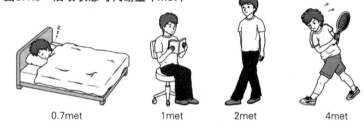

0.7met　　　　1met　　　　2met　　　　4met

内，成年男子静坐在椅子上，不冷不热的状态下，将衣服的热阻力值
$0.155 m^2 \cdot K/W$规定为1 clo（克罗：隔热保温指标——译者注）。图5.1.4
为代表性的着装状态与着装多少。

4 代谢量

用体表面积去除体内产生的热量所得的$1 m^2$发热量［W/m^2］就叫
做代谢量。人的代谢量依活动量和作业强度而不同，将静坐在椅子上
的成年男子平均代谢量（$58 W/m^2$）定义为1met（迈特）。图5.1.5为代
表性活动状态下的代谢量。日本人男性的平均人体表面积约$1.7 m^2$，人
均1met的代谢量即相当于一个100W灯泡的发热量。

3. 温暖环境的指标

仅凭温暖六要素中的一条测定值很难判断温暖感觉或温暖环境，
需要多条要素组合起来才能对温暖环境做评价，这里就针对这若干指
标（温暖指标）做以说明。当前使用更多的是ET*、SET*和PMV。

图5.1.6　显示环境与标准环境（空气调和·卫生工学会编著《SHASE – M1003 – 2006新版·舒适温暖环境机理　以丰富的生活空间为目标》P.68，图4 – 2）

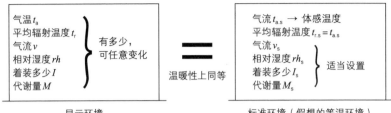

评价温暖环境时如图5.1.6，模拟实际环境，考虑一个假想环境（称为标准环境）。在现实环境中温暖6要素处于随意变化中，而标准环境将数值做了适当的设置。在这种情况下，与成为人们评价对象的环境（现实环境）有同样体验的温暖感觉，就把假想环境（标准环境）温度下显示的值叫做**体感温度**。

1 有效温度（ET）

这是由亚盖洛（C.P.Yaglou）提出的一个概念。能造成与温度、湿度、气流形成的现实环境同样的温暖感觉、相对湿度100%、无风（0.1m/s）这一标准环境下的气温（干球温度）就定义为**有效温度**（ET：Effective Temperature）。这个ET并不能调整给人带来舒适性的热辐射，因此又有一个使用球部温度的**修正有效温度**（CET：Corrected Effective Temperature）的提案。都是与湿度100%环境作为现实环境做比较，因此评价中过多考虑了湿度、气流的影响这是一大不足。

2 新有效温度（ET*）、标准有效温度（SET*）

加杰（A.P.Gagge）等人将人的生理性温度调节作用模型化，将现实环境的温暖感觉和散热量相同，相对湿度50%条件下的标准环境气温（＝平均辐射温度$t_{r.s}$）作为**新有效温度**（ET*：New Effective Temperature）。其数值可以从温暖6要素中用数学模型求解，标准环境下的气流、作业量（代谢量）、着装多少与现实环境为同一数值。如果不是同样的着装量、代谢量，不能从ET*中直接做比较，只有气流为无风（0.1m/s）、着装量0.6clo（单衣）、代谢量1.0met（轻工作）这

图5.1.7 源自ASHRAE55－92的ET*舒适温湿度范围

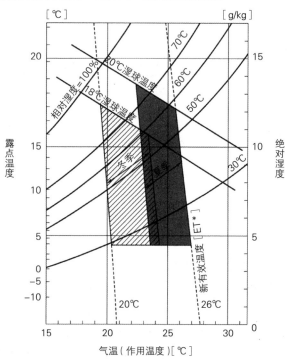

气温（作用温度）[℃]

冬季·夏季的舒适范围为冬季ET*20~23.5℃，夏季ET*23~26℃，湿度70%（严格讲湿球温度冬季18℃、夏季20℃）以下。关于绝对温度和相对湿度可参照5－3节。

一标准环境下，按相对湿度50%时的气温（＝$t_{r.s}$）考虑才是**标准有效温度**（SET*：Standard Effective Temperature）。图5.1.7给出了新有效温度，按ASHRAE（美国空调协会）55–92列举的冬季和夏季的舒适温湿度范围。

3 不适指数（DI）

不适指数（DI：Discomfort Index）是为了将温暖环境指标之一的有效温度ET简化而推出的一个概念，夏季可作为判断要不要开空调的户外环境指标加以利用，通过气温（干球温度）和湿球温度用公式（5.1.5）计算，未考虑气流和辐射的影响。

DI＝0.72×（干球温度［℃］+湿球温度［℃］）+40.6 　（5.1.5）

不足DI75为舒适，75以上不足80"稍稍感觉热"，80以上不足85"热得开始出汗"，85以上则"热得难受（全体均感到不适）"。

4 预测冷热感申报（PMV）

预测冷热感申报（PMV：Predicted Mean Vote）是丹麦人范格

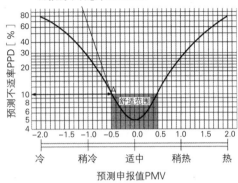

图5.1.8　PMV与PPD（ISO7730）

A点，PMV－0.5（稍舒适些）判断
为预测不满意率10%左右

纵轴：预测不适率PPD［%］
横轴：预测申报值PMV
冷　稍冷　适中　稍热　热
舒适范围

尔（P.O.Fanger）在研究了温暖六要素基础上提出的温暖评价指标。按大多数人平均温暖感的七个尺度（+3非常热、+2热、+1稍热、0不冷不热、-1稍冷、-2冷、-3非常冷）进行评价。范格尔的PMV表示平均的冷热感，为此，估计感觉该环境不适的人的比例就作为预测不满意率（PPD：Prsdicted Percentage of Dissatisfied），导出有关PMV的公式。图5.1.8表示PMV与PPD的关系，由此图可预测出即使PMV=0仍有5%的人感到不适。ISO7730以不满意者的比例（PPD）在10%以下的-0.5＜PMV＜+0.5为舒适范围。

④. 局部不适感

全身冷热感即使没有不适，来自窗口的冷风，墙、窗等部位的不均一的辐射，或双脚感觉凉这类温度分布所造成的局部冷热感也会产生不适感。全身冷热感处于不冷不热状态（热中立）下因局部冷热感带来的不适，其原因包括不均衡辐射、上下温度分布、地面温度和通风这4个方面。

1 不均衡辐射

墙壁、顶棚的不均衡辐射，顶棚上温度低，墙面温暖时很少会有不适感，反过来顶棚上设有板式采暖设备且温度较高时，或受外气影响，窗、墙面温度较低时就会出现问题。不均衡的界限范围按较温暖的顶棚下室温5℃以内，冷窗、冷墙在10℃以内掌握。为了防止出现不适感，顶棚和窗都要做保温处理。

2 上下温度分布

采暖季里室内上方温度高、双脚感觉凉的时候产生不适感。ISO7730的推荐值为室内上下温度分布界限为脚踝（地面以上0.1m）与头部（站位地面以上1.7m，坐位地面以上1.1m）的温差在3℃以内。

3 地面温度

地板的地表温度过高过低都会产生局部不适感。ISO7730的推荐值为，穿着鞋坐在椅子上室内地面温度19~26℃，地板采暖时29℃以下。如果席地而坐地板采暖温度高于体温时，有可能造成低温烫伤，这种危险性应予注意。

4 缝隙风

尤其是采暖季，气温过于增强形成局部气流就会造成不适感，这种造成不适感的局部气流叫做缝隙风。缝隙风除了空气温度、平均风速以外，受其影响还会使气流紊乱、低效率、着装等造成不适感。热的时候气流给人凉爽感，为了节能，住宅中可以考虑气流的有效利用。

5. 老年人的温暖环境

特别是生病、有残疾的老年人，生活在热或冷的不适环境中，会使慢性病、伤残程度加重。即使健康的老年人因年龄因素导致的体温调节功能、保持体温稳定的能力也都有所下降，很容易受周围气温的影响。应该为老年人提供冬暖夏凉，温暖舒适的生活环境。

1 老年人身体的变化

对温暖环境的变化一般通过出汗、血管收缩·扩张调节体温（自律性体温调节），感觉冷或热（冷热感）时通过衣服增减或空调采暖器具等调节体温（行动性体温调节）。

　　但是，随着年龄的增长自律性体温调节能力逐渐下降，老年人的体温调节功能的低下有以下特征：①很冷的环境中近皮肤表面的血管收缩迟钝，散热量很大，体温容易下降；②在高温环境下近皮肤表面的血管扩张迟钝，皮肤不能充分散热，容易中暑；③出汗的反应过程迟缓，出汗量少。再加上冷热感低下，所以行动性体温调节也很难适当进行。

　　除此之外，随着老年人年龄的增长，温度感觉（冷热感）、触觉、痛觉等皮肤的感觉也愈发迟钝。对于冷热感下降的原因有观点认为是年龄因素造成的表层皮肤分布的热点、冷点减少，冷热收容器中的神经纤维传输到大脑的过程及脑功能的衰退。特别是老年人的腿部冷热感觉的低下以及全身对冷的感觉也愈发迟钝了。

2 老年人住房的温暖环境

　　老年人住房中的温暖环境冬季比夏季更重要，重在消除住房中的温差，另外采暖方法也是一个问题。

　　冬天的低温环境里寒冷会加大心脏负担，血压升高、脉搏加快。室内温差造成的**热休克**可引发心肌梗塞、脑血栓，严重时会至死。厕所、洗脸室、浴室等多设在不受日照影响的背阳面，由于使用时间不长因此往往没有暖气。这样一来，从温暖的房间到很冷的厕所里，以及前往更衣室时的移动过程、入浴前后都容易发生热休克。

　　另外，卧室温度低会影响睡眠效率。老年人夜间排尿多数都在一次以上，因此，为了缓解从被窝里出来时的热休克现象，卧室、走廊、厕所等为老年人准备一个温暖的环境都很重要。

　　夏天天气热的环境里气温一旦超过30℃，即出现体内水分、盐分不足，体温调节功能失衡。于是体温就会上升，脉搏、呼吸加快，出现面部红潮、疲劳感等，引发脱水、中暑等症状。老年人出汗量减少，厌烦空调机的冷气，倾向于热环境中逗留时间过长，因此室内也容易出现中暑现象。

　　另外，潮湿对老年人也有不良影响。尤其是冬季气温低、湿度低，使用暖气更容易使空气干燥。室内干燥，人的黏膜部位也因此变得干燥，因此造成黏膜的除菌能力下降，引发流感等上呼吸道感染的病菌易于滋生附着，而老年人抵抗力弱很容易感染流感等疾病。

相反，如果湿度大又会促成霉菌、螨虫易于繁殖的环境。霉菌的孢子进入体质较弱的老年人口、鼻，容易引发肺炎等呼吸器官感染，出现哮喘等过敏症状、诱发皮肤病。老年人住房的温暖环境基准有"关顾老年人、残障者的住宅热环境评价基准值（日本建筑学会，1991年）"、"保持健康、舒适的温暖环境提案水准［建设省（现在的国土交通省）住宅局，1991年］"。这里主要从老年人住房的更现实的水准着眼，介绍如表5.1.2所示的"保持健康、舒适的温暖环境提案水准"。

表5.1.2 保持健康、舒适的温暖环境提案水准

要素		提案水准	有关提案水准的注释
温度		室温目标（活动量按1.0~1.2met） 居室：冬季·18~22℃，夏季·25~28℃， 非居室：冬季·13~20℃，夏季·26~30℃， （着装量：冬季·0.8~1.2clo，夏季·0.3~0.6clo）	按着装及活动量在左侧所列范围内调节，儿童室15~18℃即可，停暖气后非采暖房间的最低温度要确保15℃
湿度		有温度调节时的目标相对湿度：40~60%	体感50%左右为最适状态，为了防结露，要求上限60%
气流		居住区的室内气流上限 采暖：0.15m/s， 空调时0.25m/s， 夏季有通风时达到1m/s左右即可	夏季在通风条件下上限1m/s（纸张不会飘起），或3.0m/s（允许纸张飘起）的程度。使用空调等（含电风扇）情况下，间歇气流上限1m/s左右
辐射		表面温度上限：40℃（暖气、散热器等人体接触部分的上限） 地板采暖的表面温度：29℃以下	皮肤表面低热烫伤的界限40~45℃，在有可能长时间接触的情况下应比这更低
温度等均一性	上下温差	垂直温差：3℃以内（地面以上1.2m以内的居住区） 房间（采暖房间与非采暖房间）：5℃以内， 与户外的温差：5~7℃以内， 使用空调时参照户外气温	适于上高下低型分布，也有观点认为头冷脚热这种2倍程度也可以承受，以防热休克为目的，防止走廊厕所等出现低温。温差控制在3℃以内避免体感不适。以制冷空调为主要目的
	辐射的不均一性	无规定	没有简易测定方法，所以，有规定也不具实际意义

1. 住房中的热

　　图5.2.1为住房中热的产生与流失的情景。室内外有温差就会有热的收支发生。在日照下就会有热量经窗、外墙、屋顶等流入室内。室内人员的活动也会产生热量，再加上烹饪器具、采暖器具、照明器材、电冰箱、电视机、电脑等都产生热量。

　　热通过传导、对流、辐射等进行传播，有进入室内的热，还有从室内散发出去的热。通过外墙、地面等与室内空气之间的对流，再通过墙与地面内部的传导做热的传播。室内人员与外墙之间通过辐射完成热的传播。一般夏季的白天进入住房的热量当中墙、地面、顶棚占

图5.2.1　住房内热的产生与流动

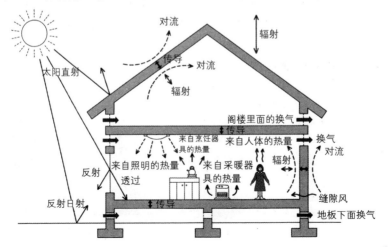

整体的40~50%，经窗、开口部的日照带来的热量占30~40%，来自开口部及缝隙的热量占20%左右。

2. 热的移动

热通过传导、对流、辐射由高温侧向低温侧移动，图5.2.2中以住房的墙壁为例，对传导、对流、辐射现象及随之移动的热量求解方法做说明。

▊1 传导

物质中出现的由高温侧向低温测进行的热的移动叫做**传导**，这里提到的墙壁、顶棚、地面等固体中的热移动叫做热传导。图中设室内和室外的温差为（t_1-t_2）[℃]、墙的厚度为l[m]、材料传递热的难易度即导热率为λ（/lambd/）[W/（m·K）]、面积为1m²，那么，1秒钟经热传导流动的热量q_d[W/m²]即表示为公式（5.2.1）。导热率λ就是每1m长度（厚度）出现1K（开尔文=℃）的温差时1秒钟内1m²所移动的热量：

$$q_d = \lambda \frac{t_1 - t_2}{l} \quad [\text{W/m}^2] \qquad (5.2.1)$$

温差在SI单位上用K（开尔文）表示，K是表示温度的绝对单位。日本的温度单位使用摄氏度[℃]，摄氏度为t[℃]的时候与绝对温度

图5.2.2　热移动的流程

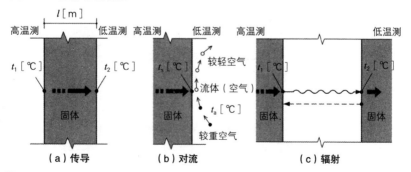

（a）传导　　　　（b）对流　　　　（c）辐射

$T[K]$ 的关系为：$T[K]=t[℃]+273.15[℃]$，所以，$(t_1-t_2)[℃]=$
$(t_1-t_2)[K]$。

流经固体内部的热传导依材料种类不同其流动的难易度也不一样，材料中热传递的难易度与材料的导热率用 $\lambda[W/(m·K)]$ 表示，这是材料的固有值。表5.2.1列出了各种材料的导热率。密度 $\rho(/rou/)[kg/m^3]$ 越大，材料的导热率越大，呈现热易于通过的倾向。混凝土（$2200kg/m^3$）、木材（$400kg/m^3$），与用作保温材料的硬质发泡聚氨酯板（$38kg/m^3$）相比，导热率按大密度排序依次为混凝土＞木材＞保温材料。

表5.2.1　主要建筑材料的导热率·比热·密度·容积比热（空气调和·卫生工学会编《空气调和·卫生工学会便览，第11版，Ⅱ卷》）

分类	材料	导热率为 λ $[W/(m·k)]$	比热 C $[kJ/(kg·K)]$	密度 ρ $[kg/m^3]$	容积比热 C_ρ $[kJ/(m^3·k)]$
金属· 玻璃	钢材	45	0.46	7900	3600
	铝及其合金	210	0.88	2700	2400
	玻璃板	0.78	0.77	2540	1960
水泥· 砂浆	混凝土	1.4	0.88	2200	1900
	ALC	0.17	1.1	600	650
	砂浆	1.5	0.80	2000	1600
	灰泥	0.79	0.84	2000	1600
木质系	木材	0.14~0.19	1.3	400~600	520~780
	胶合板	0.19	1.3	550	720
板	软体纤维板（隔热建筑材料）	0.056	1.3	250	330
	木屑水泥板	0.19	1.7	570	950
	石膏板	0.22	1.13	800	900
地板材	榻榻米	0.15	1.3	230	290
	地毯	0.08	0.80	400	320
	聚乙烯膜衬里的保温材	0.078	—	600~700	—
纤维系· 保温材	玻璃棉（24K）	0.042	0.84	24	20
	矿棉保温材	0.042	0.84	100	84
发泡保 温材	发泡聚苯乙烯板	0.037	1.3	28	35
	硬质聚氨酯发泡板	0.028	1.3	38	47
其他	空气	0.022	1.0	1.3	1.3
	水	0.60	4.2	1000	4200

另外，温度与湿度对材料的导热率也有影响，温度高导热率往往呈增大趋势，而湿度大则含有水分，水的导热率为较大的0.6W/（m·K），因此，含水分越多导热率越大。

2 对流

室内如有暖炉，周围被加热的空气就会变轻上升，空气上升后形成的稀薄空间被较重的冷空气涌入，这部分空气再被加热上升，经过这样周而复始就形成流体（气体、液体）的循环，产生热的移动。这种个体表面和与其接触的流体之间发生的热移动通过**对流**完成热传播。

对流分为自然对流和强制对流。在无风状态的室内，通过墙表面和与其靠近的空气之间的温差传递热量，这时空气的流动就叫自然对流。而由电风扇、自然风等强制力形成的叫做强制对流。

对流造成的热传递量 q_c [W/m^2] 用如下公式求解，设墙的表面温度（固体表面温度）为 t_s [℃]，靠近墙体表面的空气温度为 t_a [℃]，此时的对流传热率为：α_c [W/（m^2·K）]，则求解公式为（5.2.2）。对流传热率 α_c 为墙壁表面和与其接触的空气之间的温差为1K时，1m^2 面积1秒钟时间内经辐射移动的热量，依流速、温度条件、流体种类其数值不也一样。

$$q_c = \alpha_c\,(t_s - t_a)\,[\text{W/m}^2] \qquad (5.2.2)$$

冬季出现令人不适的冷风，图5.2.3中与冷窗面接触的室内暖空气通过对流热的传递，热量被窗面夺走，变得比周围空气重，出现沿着窗面下降的现象。这时要采取的对策就是把原来玻璃换成中间夹有空气层的双层玻璃，而办公室可在窗下方装暖气。

3 辐射

空气或真空中温度高的物体向温度低的物体以热线（电磁波）的形式传播热的状态叫做**辐射**热传递。这里要讲的辐射指热线经过固

图5.2.3　自然对流引起的冷风

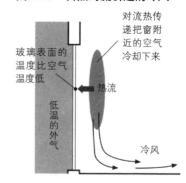

玻璃表面的温度比空气温度低

对流热传递把窗附近的空气冷却下来

热流

低温的外气

冷风

体表面与固体表面之间的空间发生传递的现象。高温物体与低温物体发出的电磁波能量的差别可导致高温侧向低温侧的热移动。比如暖炉之所以让人感到温暖，就是因为暖炉发出了红外线。

物体表面释放的能量与其表面绝对温度的4次方成正比（斯特凡·波兹曼定律）。辐射的热传递量 q_r[W/m²] 可用下面公式求解，设物体表面温度分别为 t_1、t_2[℃]，此时的**辐射传热率**为 α_r[W/（m²·K）]，其近似求解公式即（5.2.3）。辐射传热率 α_r 是当固体表面间的温差为1K时，1m²面积1秒钟时间的辐射移动的热量。

$$q_r = \alpha_r (t_1 - t_2) [W/m^2] \qquad (5.2.3)$$

4 综合热传递

墙体表面和与其接触的空气之间的热交换通过空气对流和热辐射完成热的传递，称为**综合热传递**。这一热的移动量用**综合传热系数**表示，室内室外有不同的值。**室内侧综合传热系数** α_i 为自然对流传热系数4W/（m²·K）与辐射传热系数5W/（m²·K）之和，即 $\alpha_i = 9W/$（m²·K）；**户外侧综合传热系数** α_o 为风速3m/s时，强制对流传热系数18W/（m²·K）与辐射传热系数5W/（m²·K）之和即 $\alpha_o = 23W/$（m²·K），可用于一般计算。计算这个热传递量 q[W/m²] 时，设墙壁表面温度为 t_s[℃]，室内温度或户外气温为 t_a[℃]，综合传热系数为 α[W/（m²·K）] 时，用公式（5.2.4）求解：

$$q = \alpha (t_s - t_a) [W/m^2] \qquad (5.2.4)$$

3. 热传递

空气与空气之间通过墙、地面等进行热的移动叫**热传递**。图5.2.4中的热以这样流程进行传递：①由高温测空气经对流和辐射向墙壁表面做热传递；

图5.2.4 墙体的热传递

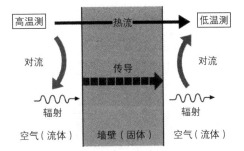

②墙体内的热传导；③墙体表面经对流和辐射向低温测空气做热传递。这些热传递，牵涉到传导、对流和辐射这三种现象。

1 传热系数

经热传递发生的热移动量即热传递量 Q $\left[\text{W/m}^2\right]$ 是中间夹着墙、空气由温度高的室内向室外移动的热移动量，可用**传热系数** K $\left[\text{W/}(\text{m}^2\cdot\text{K})\right]$ 求得。即传热系数在面积 1m^2 的墙两侧的温差为 1K 时，1 秒钟的流动热量 $\left[\text{W}\right]$。这个数值越大热量越容易通过，数值越小越难以通过则表明保温性好。传热系数的表达式中室温为 t_i $\left[℃\right]$，户外气温为 t_o $\left[℃\right]$，如（5.2.5）所示：

$$Q=K\,(t_i-t_o)$$
$$=(t_i-t_o)/R\ \left[\text{W/m}^2\right]\qquad(5.2.5)$$

这里，把传热系数的倒数 $R=1/K$ $\left[\text{m}^2\cdot\text{K/W}\right]$ 称作**热传递阻力**，用来表示由墙的高温侧向低温侧传递热量的难易程度，这个数值越大热流越难以通过。

2 由多种材料构成的墙体的热传递量

一般建筑物的墙都是由多种材料构成，比如，图5.2.5中的外墙就是由砂浆、混凝土、石膏板多层构成。室温比户外气温高（室温 $t_i=20℃$，户外气温 $t_o=0℃$），热量沿着室内→石膏板→混凝土→砂浆→户外这一顺序流出。下面就复数层构成的墙的传热系数与热传递量的求解方法做以说明。

室内侧及户外侧综合传热系数 α_i、α_o $\left[\text{W/}(\text{m}^2\cdot\text{K})\right]$，构成墙体的各种建材导热率 λ $\left[\text{W/}(\text{m}\cdot\text{K})\right]$ 和厚度 l $\left[\text{m}\right]$ 如表5.2.2所示。

表中列出了热阻力所含的室内侧及室外侧墙表面的热传递阻力、构成墙各层（材料）的热传递阻力。室内侧及室外侧墙表面的热传递阻力 r_i、r_o $\left[\text{m}^2\cdot\text{K/W}\right]$ 是室内侧及室外侧综合导热率 r_i、r_o 的倒数，即 $r_i=1/\alpha_i$ $(=1/9)$、$r_o=1/\alpha_o$ $(=1/23)$。

图5.2.5　外墙断面图

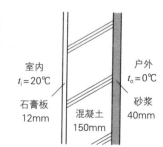

室内
$t_i=20℃$

户外
$t_o=0℃$

石膏板
12mm

混凝土
150mm

砂浆
40mm

表5.2.2　外墙的传热系数K[W/($m^2 \cdot K$)]与热传递量Q[W/m^2]

	传热系数α [W/($m^2 \cdot k$)]	建材的热传导系数λ [W/($m \cdot k$)]	厚度l [m]	热阻力r [$m^2 \cdot K/W$]
室内表面	$\alpha_i = 9$			$r_i = 1/\alpha_i = 1/9$
石膏板		$\lambda_1 = 0.22$	$l_1 = 0.012$	$r_1 = l_1/\lambda_1 = 0.012/0.22$
混凝土		$\lambda_2 = 1.4$	$l_2 = 0.15$	$r_2 = l_2/\lambda_2 = 0.15/1.4$
砂浆		$\lambda_3 = 1.5$	$l_3 = 0.04$	$r_3 = l_3/\lambda_3 = 0.04/1.5$
屋外表面	$\alpha_o = 23$			$r_o = 1/\alpha_o = 1/23$
室内向室外的热传递阻力$R = r_i + r_1 + r_2 + r_3 + r_o$				$R = 0.343$
传热系数$K = 1/R$[W/($m^2 \cdot K$)]				$K = 1/0.343 = 2.92$
室内向室外的热传递量$Q = K(t_i - t_o)$[W/m^2]				$Q = 2.92 \times 20 = 58.4$

而构成墙的各层热传递阻力r是来自材料厚度l被导热率λ除所得的商。这些热阻力表明固体或液体中热传递的难易程度。

此时，外墙的热传递阻力R[$m^2 \cdot K/W$]是室内侧及室外侧热传递阻力r_i、r_o[$m^2 \cdot K/W$]与构成墙各层的热传递阻力r_1、r_2、r_3[$m^2 \cdot K/W$]，按室内侧向室外侧依次相加的和，用公式（5.2.6）求解，即：

$$R = r_i + r_1 + r_2 + r_3 + r_0$$
$$= 1/\alpha_i + l_1/\lambda_1 + l_2/\lambda_2 + l_3/\lambda_3 + 1/\alpha_o \quad [m^2 \cdot K/W] \quad (5.2.6)$$

R为传热系数K的倒数，由公式（5.2.5）可求出从此墙的室内向室外的热传递量。传热系数K[W/($m^2 \cdot K$)]和热传递量Q[W/m^2]的计算过程如表5.2.2所示。

3 中空层的热阻力

墙体内或复层玻璃里面的空气层叫做中空层。如图5.2.6所示，中空层的内侧表面如有温差，就会通过传导、对流、辐射发生热移动。中空层有隔热作用，其隔热性能依中空层厚度、密封度、热流方向而不同。计算透过中空层的热流q_a[W/m^2]，设中空层两侧表面的温度分别为t_1、t_2℃，此时的热阻力为r_a[$m^2 \cdot K/W$]，公式为：

图5.2.6　中空层的热移动

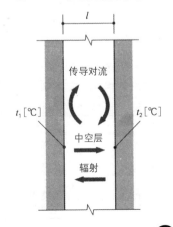

$$q_a = \frac{t_1 - t_2}{r_a} \quad [\text{W/m}^2] \qquad (5.2.7)$$

中空层厚度l在5mm以内，传导、对流造成的热移动只有传导发生，如厚度在20mm以上，则相反只有对流。中空层侧表面如衬有铝箔就可以阻挡辐射热提高保温效果，表5.2.3列出了中空层的实用性热阻力。墙壁中如设有中空层，公式（5.2.6）则加上中空层的热阻力r_a，然后求解热传递阻力R。

④. 隔热与蓄热

1 隔热

夏天不能让户外的热量进入室内，冬天不能让室内的热量散失到户外。为此，外墙及窗口等处尽可能保住热量（保温）就很重要，以防热量散失。外墙中要加入**保温材**，窗户采用**双层窗**、**复层玻璃**可以提高保温性能。保温材中含有气泡，双层窗、复层玻璃的门窗以及玻璃中间夹有**空气层**。各种保温措施中空气可以发挥很重要作用。

外墙和地板等部位通过使用玻璃棉、聚氨酯等难以传热的保温材，可以提高保温性能。保温材料中有玻璃棉、矿棉这类纤维材料以及硬质聚氨酯泡沫、发泡聚苯乙烯这类泡沫塑料。保温材的材料内部富含微小气泡因此密度很小，热传导率小，难以传递热量，如果保温材里面的气泡很大，空气易于流动，就会出现对流传递热量，保温材

表5.2.3　中空层的实用热阻力

中空层的种类	热阻力值r_a [m²·K/W]	对象中空层
密封	0.17	工业双层玻璃
半密封（1）	0.13	现场施工的双层门窗
半密封（2）	0.083 0.24	墙壁的中空层 墙壁的中空层（衬铝箔）
有缝隙	0.06	玻璃与窗帘中间的中空层 雨窗与玻璃中间的中空层

图5.2.7　外墙断面图（夹带保温材）

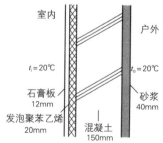

的热传导率很难降低。而气泡小空气本身很难移动，不会出现对流，空气就形成了热阻力。带有空气层的双层窗、复层玻璃也是靠空气形成热阻力，但是，空气层过大会出现对流，因此需要排除这部分影响。

如图5.2.7所示，在图5.2.5中的外墙室内侧夹带发泡聚苯乙烯后，求热传递量和传热系数。室温$t_i=20℃$，户外气温$t_o=0℃$。室内·户外侧的传热系数α_i、α_o，各材料的导热系数K与热传递量Q的计算过程及结果如表5.2.4所示。

将此结果与表5.2.2比较后发现，通过夹入保温材发泡聚苯乙烯，传热系数从2.92W/（$m^2·K$）降至1.13W/（$m^2·K$），热传递量Q从58.4W/m^2下降到22.6W/m^2，降幅超过1/2，有效阻止了热量的通过。

❷ 蓄热

有些外墙很容易变凉，也有些难以变凉，由此左右着室温的高低，这就取决于墙体存储热量的能力有多大。这一能力就是与热容量相关的蓄热，不同的建材蓄热能力也不一样，热容量是将物质温度升高1K所需的热量（J：焦耳），单位为［J/K］。将1kg的物质温度升高1K所需热量为比热C［J/（kg·K）］乘以密度ρ［kg/m^3］，所得乘积即容积比热$C\rho$［J/（$m^3·K$）］，再将这个容积比热乘上V［m^3］，所得

表5.2.4　有保温材料的外墙传热系数K［W/（$m^2·K$）］与热传递量Q［W/m^2］的计算

	传热系数α ［W/（$m^2·K$）］	建材的热传导系数λ ［W/（m·K）］	厚度l ［m］	热阻力r ［$m^2·K$/W］
室内侧表面	$\alpha_i=9$			$r_i=1/\alpha_i=1/9$
石膏板		$\lambda_1=0.22$	$l_1=0.012$	$r_1=l_1/\lambda_1=0.012/0.22$
发泡聚苯乙烯		$\lambda_2=0.037$	$l_2=0.02$	$r_2=l_2/\lambda_2=0.02/0.037$
混凝土		$\lambda_3=1.4$	$l_3=0.15$	$r_3=l_3/\lambda_3=0.15/1.4$
砂浆		$\lambda_4=1.5$	$l_4=0.04$	$r_4=l_4/\lambda_4=0.04/1.5$
室外侧表面	$\alpha_o=23$			$r_o=1/\alpha_o=1/23$
室内向室外的热传递阻力$R=r_i+r_1+r_2+r_3+r_4+r_o$				$R=0.884$
传热系数$K=1/R$［W/（$m^2·K$）］				$K=1/0.884=1.13$
室内向室外的热传递量$Q=K（t_i-t_o）$［W/m^2］				$Q=1.13×20=22.6$

的 $C\rho V$ [J/K] 就是热容量。表5.2.1列出了主要建材的比热、密度及容积比热。热容量大的物质为了升高温度需要更多的热量，温度下降时会释放很大的热量。热容量越大受户外气温的影响越小，由表5.2.1可知，物质的比热 C 都在水的比热1.0kJ/（kg·K）这一数值的上下，所以，一般由质量 ρV [kg] 决定热容量，越重热容量越大。因此用混凝土等大重量材料建造的住房与木质等轻材料建房相比，热起来不容易，也不容易降温。

⑤. 木结构与钢筋混凝土结构

保温性能与热容量的组合会给室温带来不同的变化。对于热容量小的木结构与相对较大的钢筋混凝土（RC）结构，结合图5.2.8中与保温性能的优劣对照起来说明室温的变化。

1 采暖开始·结束后的室温变化

图5.2.9通过保温性能的优劣与热容量对照显示采暖开始、结束后

图5.2.8　热容量不同的建筑物与保温性能的优劣

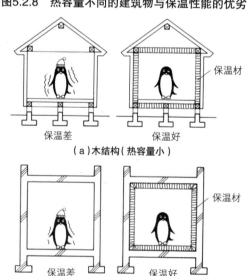

保温差　　　　　保温好
（a）木结构（热容量小）

保温差　　　　　保温好
（b）钢筋混凝土结构（热容量大）

的室温变化情况。室温因保温性能好变化得快，而热容量大则变化得缓慢。从图（a）可以看出热容量小的木结构，保温性能好热量流失少，所以，采暖时房间很快就会升温而且保持稳定。相比之下，如果保温性能差，热量会通过外墙等部位流失，房间很难暖和起来，室温维持在较低水平上。由图（b）中热容量大的RC结构可知，如果保温性能差就会与热容量小的（a）呈现同一倾向，但室温并非处于稳定状态，很快就会从低室温升至较高室温。如果保温性能好，采暖一开始室温便随之上升，但热容量小的（a）却很难见到稳定的快速上升。

　　另外，从室温上升曲线可以看出热容量的区别，在图（a）和（b）保温性能好的情况下作比较即可以看出，（b）热容量大外墙需要升温，直至室温达到稳定状态需要一定时间，温度变化缓慢，采暖关闭后室温下降，但相对于热容量小的（a）那种急剧降温，热容量大的（b）在关闭采暖后虽然一时间也很快降温，但就整体而言仍处于缓慢下降。由本图可知，热容量小的木结构容易升温也容易冷下来，而热容量大的RC结构热得慢可降温也很慢。

2 户外气温带来的室温变化

　　户外气温带来的室温变化如图5.2.10所示。热容量小的木结构与保温性能优劣无关，如图（a）户外气温与室温的变化在时间上基本相同，室温的变化也与户外气温一样。而热容量大的RC结构，当户外气温变化时室温的变化会呈现如图（b）中的时间差，室温变化很小。保温性能好与保温较差相比，室温变化更小，减少户外气温的影响。

图5.2.9　保温性能与采暖开始·停止的室温变化

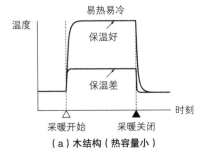

（a）木结构（热容量小）

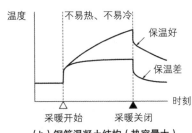

（b）钢筋混凝土结构（热容量大）

图5.2.10 户外温度变动与室温变化

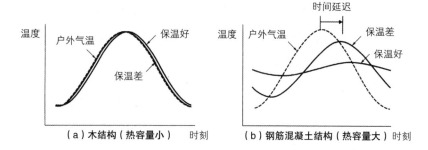

（a）木结构（热容量小） 时刻　（b）钢筋混凝土结构（热容量大） 时刻

图5.2.11 内保温与外保温

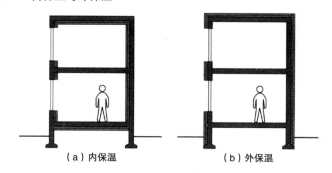

（a）内保温　　　　　　　（b）外保温

3 内保温与外保温

　　图5.2.11中的（a）是把保温材设在内侧（室内侧）的内保温工法，（b）是设在外侧（外气侧）的外保温工法。保温材设在哪一侧传热系数都是一样的，热容量大的RC结构中保温材的设置位置会影响室内侧墙面温度的变化，而热容量小的木结构不论设在什么位置都不会出现RC结构那种问题。从采暖时的情况来看，外保温是冷的混凝土，为了室内能同时暖和起来，室内的升温要比内保温慢，需要更多的热能。但是，采暖关闭后室温变化缓慢，这时外保温的室温变化要比内保温小。为了保持室温做持续采暖时采用外保温比较有利。内保温室温的上升较快，采暖关闭后室温下降明显，所以，适于短期居住的房间使用。而在冬天采暖季节的墙体温度，外保温要高于内保温，因此在防结露上也是外保温更为有利。

6. 住宅节能基准

建筑物的保温性能用总传热系数 $\overline{KA}$ 表示，室温比户外气温高1℃时，根据与外气接触的建筑物所有部位的穿透热损失和换气口、缝隙风的热损失之和来表示，如下式：

$$\overline{KA} = (\ \Sigma K_i A_i + c_p \rho n'V\ )\ [\ \text{W/K}\ ] \qquad (5.2.8)$$

这里的 K_i：建筑物第 i 号部位（外墙、开口部等）的传热系数 [W/($m^2 \cdot$ K)]、A_i：建筑物第 i 号部位的面积 [m^2]、c_p：空气的定压比热 [1005J/(kg·K)]、ρ：空气密度 [1.2kg/m^3]、$n'V$：表示换气量或缝隙风量 [m^3/s]。n' 是每小时换气次数为 n [次/h] 时，$n' = n/3600$ [次/s]。

因建筑物越大与外气的接触面积越大，所以总传热系数值也越大。为了排除建筑物大小的影响，便于比较、评价保温性能可使用热损失系数 Q，热损失系数 Q 是用总建筑面积 A_o（m^2）去除总传热系数 $\overline{KA}$ 所得的商，即：

$$Q = \frac{\overline{KA}}{A_o}\ [\ \text{W/}(m^2 \cdot \text{K})\ ] \qquad (5.2.9)$$

热损失系数即室内外温差为1K，1秒钟内每1m^2总建筑面积失去的热量，这一数值叫做 Q 值。该值越小表明其保温性能越好。

1999年修订的"新一代节能基准（能源使用合理化的相关法律）"按气候特征为全国划分的6个区域规定了 Q 值，要求达到该值的规定。气候特征基于degree-day（度日：与冷暖气设计和植物生长有关的指数——译者注）。

对度日这个概念的解释见图5.2.12，如图当户外气温在 t_o' [℃] 以下时，要供暖。这种采暖情况下室内设定温度 t_i [℃] 和一天中户外气温平均值 t_o [℃] 的差在（$t_i - t_o$）采暖期间全天累计的度日数就是degree-day。图5.2.12中的灰色部分是度日，其面积越大采暖的能耗越大。度日用 $_aD_b$ 表示，a为室温，b为采暖开始时的气温，$_{18}D_{16}$ 就是一天的户外平均气温 t_o' 为16℃以下时开始采暖，此时的设定室温 t_i 为18℃。

新一代节能基准如图5.2.13所示，建立在采暖时户外气温平均温度（t_o'）和室内采暖设定温度（t_i）都达到18℃时区域采暖degree-day D_{18}（度日）的基础上。表5.2.5列出了各都道府县的热损失系数Q值，实际上已细化到各市镇村。

表5.2.5　新一代节能基准的区域划分与Q值

区域划分	都道府县	Q值
Ⅰ区域	北海道	1.6
Ⅱ区域	青森、岩手、秋田	1.9
Ⅲ区域	宫城、山形、福岛、枥木、长野、新潟	2.4
Ⅳ区域	茨城、群马、山梨、富山、石川、福井、岐阜、滋贺、埼玉、千叶、东京、神奈川、静冈、爱知、三重、京都、大阪、和歌山、兵库、奈良、冈山、广岛、山口、岛根、鸟取、香川、爱媛、德岛、高知、福冈、佐贺、长崎、大分、熊本	2.7
Ⅴ区域	宫崎、鹿儿岛	2.7
Ⅵ区域	冲绳	3.7

注：都道府县是一个基准，实际上已细化到市镇村水平

图5.2.12　degree-day的计算方法

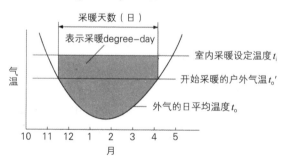

图5.2.13　新一代节能基准的degree-day

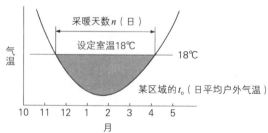

5-3
住房的潮气与结露

1. 湿度

我们周围的空气中含有水蒸气，这些含水蒸气的空气叫做**潮湿空气**，丝毫不含水蒸气的干燥空气实际上并不存在只是理论概念。一般的潮湿空气如图5.3.1所示，就是干燥空气与水蒸气混合后的气体。

空气、建材中所含的水蒸气以及建材中所含的水分叫做潮气。空气中的潮气用湿度表示，湿度分为**绝对湿度**和**相对湿度**。一般湿度计上显示的湿度称作百分之几，亦即相对湿度。与湿度相关的指标如表5.3.1所示。表示水蒸气量的指标在绝对湿度以外还有**水蒸气分压**。

1 绝对湿度

图5.3.1为1kg干燥空气中含x［kg］水蒸气，体积V［m³］的潮湿空气是1kg干燥空气和x［kg］水蒸气的混合气体。水蒸气质量x［kg］叫做绝对湿度，单位是［kg/kg'］或［kg/kg（DA）］。绝对湿度x［kg/kg'］表示在（1+x）kg的潮湿空气中含有x［kg］的水蒸气。潮湿空气中如水蒸气的质量增加绝对湿度就增加，不同气温可含有的水蒸气量有一定界限（气温越低可含的水蒸气越少），含量达到这一界限值的状态叫做**饱和状态**。这时的绝对湿度叫做饱和绝对湿

图5.3.1　干燥空气和潮湿空气

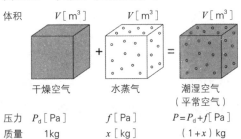

体积	V［m³］	V［m³］	V［m³］
	干燥空气	水蒸气	潮湿空气（平常空气）
压力	P_d［Pa］	f［Pa］	$P=P_d+f$［Pa］
质量	1kg	x［kg］	（1+x）kg

表5.3.1　有关湿度的指标

湿度	符号（单位）	含义
①绝对湿度	x［kg/kg′］或［kg/kg（DA）］	1kg干燥空气中混入的水蒸气质量x kg
②水蒸气分压	f［Pa］	潮湿空气中所含水蒸气的压力
③相对湿度	φ［%］	水蒸气分压在饱和水蒸气中的比例

度。绝对湿度表示水蒸气的质量，因此不影响潮湿空气的温度变化。

2 水蒸气压（水蒸气分压）

空气所含水蒸气量如图5.3.1可用水蒸气压力表示。干燥空气与水蒸气的混合气体这种潮湿空气的压力（潮湿空气全压）P［Pa：帕斯卡］是干燥空气压力（干燥空气分压）P_d［Pa］与水蒸气压力（水蒸气压或水蒸气分压）f［Pa］之和。绝对湿度x［kg/kg′］若增加，水蒸气压f［Pa］也相应与其成比例增加。饱和状态下的水蒸气压叫做**饱和水蒸气压**。与绝对湿度一样，气温越高饱和水蒸气压也越高。

3 相对湿度

日本的夏天高温多潮湿，感觉闷热，这是由于出汗后难以蒸发所至。即便气温高，但如果很干燥，皮肤表面出汗的蒸发过程会消耗热量，仍不会觉得热。而冬天之所以感到刺骨寒冷是因为湿度低而干燥，皮肤水分蒸发过多的缘故。即使同样气温，湿度大小也会影响冷热感。

同一温度条件下的空气中水蒸气压f［Pa］与饱和水蒸气压f_s［Pa］之比叫做相对湿度φ［%］（$=f/f_s\times100$）。图5.3.2为夏季和冬季相对湿度70%状态下，假如用装有水的杯子做个比较，饱和水蒸气压在气温高的夏天比冬天高，所以夏天的空气中比冬天含有更多的水蒸气。为此，夏天和冬天杯子的容量不同，夏天变得比冬天大。因此，即使相同的相对湿度，在杯子容量大的夏天空气中所含的

图5.3.2　夏季与冬季的相对湿度

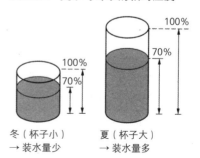

冬（杯子小）
→装水量少

夏（杯子大）
→装水量多

水蒸气量更多。

　　未饱和水蒸气压 f [Pa] 的潮湿空气若温度下降，作为分母的饱和水蒸气压 f_s [Pa] 的值也会随着温度变小，则相对湿度增大。温度再进一步下降，即成饱和状态，相对湿度达到100%。

2. 潮湿空气线图

1 什么是潮湿空气线图

　　就是用于表示潮湿空气的气温与湿度组合起来之后的空气状态，如图5.3.3、图5.3.4所示的潮湿空气线图，表示空气的干球温度（气温） t [℃]、相对湿度 φ [%]、绝对湿度 x [kg/kg']、水蒸气分压 f [Pa] 等数值。如果了解了图5.3.3中的两种状态值，就可以从空气线图中读取到其他状态值（③与④的组合除外）。

　　例如，图5.3.4中从气温26℃、湿度80%的A点还可以读出绝对湿

图5.3.3　潮湿空气线图列出的四要素

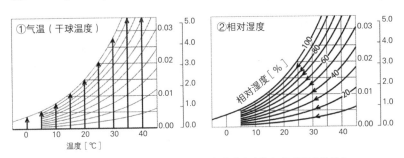

了解①~④中的任意两个就可以知道空气的状态（③与④的组合除外）

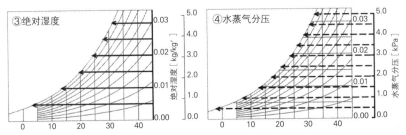

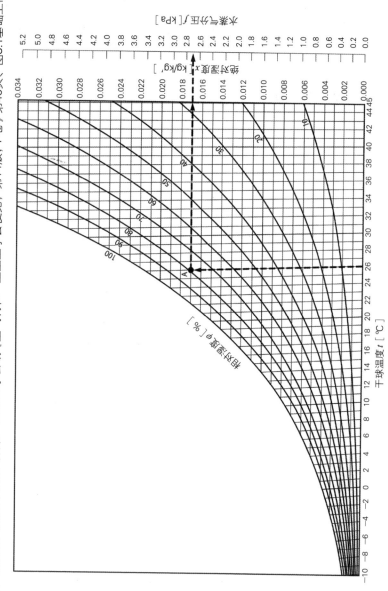

图5.3.4　潮湿空气线图（在空气调和·卫生工学会编《空气调和·卫生工学会便览，第14版，I卷》第46页、图3.1基础上制作）

度0.017kg/kg′、水蒸气分压2.7kPa。

2 露点温度

　　相对湿度100%的饱和状态空气，已经不能再增加水蒸气含量，因此，多余的水分就会凝聚成水滴。这些水滴附着在窗户、墙壁等固体表面的现象就是结露。人们常见的有玻璃上的冰花及窗玻璃上的水滴这类现象。

　　图5.3.5所示室温26℃（图中的①）、相对湿度50%的A点（②）中的绝对湿度约0.0105 kg/kg′（③）。该空气饱和状态的绝对湿度界限点B点（④）约0.0212 kg/kg′（⑤）。如超过该点水蒸气就会结露变成水滴。如空气气温上升，可以收进的水蒸气的量就会增多，所以，室温高的夏天湿度再大也很少结露。而相同的水蒸气量如果气温低，相对湿度增大，C点相对湿度达到100%（⑥），该C点的温度就是露点温度，约14℃（⑦）。

　　如图5.3.6，冬天室温8℃（图中的①）、相对湿度50%的D点（②），其相对湿度即使与夏天相同50%，绝对湿度也（E点）大约为0.0032 kg/kg′（③）、可收进的水蒸气的绝对量减小。为此，冬天的水蒸气量即使增加不多也会形成饱和状态（E点、④），很容易结露。而室温高的夏天湿度再大也很少结露，此时的绝对湿度0.0064 kg/kg′（⑤）。另外，当相对湿度处于100%的F点（⑥）时，露点温度就会降到-2℃（⑦）。

③. 结露

　　结露分**表面结露**和**内部结露**。表面结露发生在建筑物中的顶棚、墙壁、地面等表面，内部结露是发生在构成建筑物的材料里面的现象。但都是造成污渍、霉菌、腐蚀等的诱因。

1 表面结露

　　室内的墙壁等表面温度如果有些部位处在室内潮湿空气露点温度以下，就会发生结露现象。表面结露易于发生在玻璃窗、壁柜、衣柜背面易出现热传递的**热桥**等部位。

图5.3.5　潮湿空气线图的读取方法（夏）（空气调和·卫生工学会编《构筑健康的住房》OHM社，2004年，第12页）

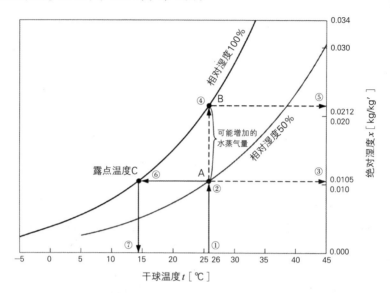

图5.3.6　潮湿空气线图的读取方法（冬）（空气调和·卫生工学会编《构筑健康的住房》OHM社，2004年，第12页）

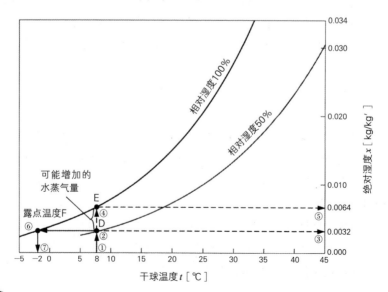

a. 湿度对策

防止表面结露的方法首先是阻止相对湿度的上升，重在尽量避免发生水蒸气。住房中的厨房、浴室、厕所、洗脸室这类水环境、开放性取暖设备、加湿器等都会产生水蒸气，重要的是通过换气把这些水蒸气排到户外。另外，通过换气无法彻底排出以及由室内产生的水蒸气，如果流向未采暖的房间，由于那里室温低，降到露点温度以下就会结露。重要的是避免住房中出现温差，为此，或整体安排采暖，或让未采暖的房间有暖空气循环，以求消除温差。

b. 温度对策

防止表面结露，就要避免室内的墙面、玻璃等表面温度降至露点温度以下。单层玻璃的窗户冬天容易结露，所以利用空气层提高保温功能而改用复层玻璃窗（一种在两块玻璃中间封入干燥空气的玻璃窗）、双层门窗可以防止结露。但是，双层门窗如果室内侧的气密性差，暖湿的室内空气就会进入门窗缝隙，降温后仍可能结露，这是需要注意的地方。而外墙、顶棚等与外气相接的部位可通过设置保温材，防止表面温度降低。尤其是居室的角落里，如图5.3.7，外表面积大于内表面积，热流密度大，热就容易散失，内表面温度就比其他部位低。而采取图5.3.8中的内保温工法时，因保温处理不彻底而形成易于散热的热桥（thermal bridge），也容易发生结露。可见做保温补强、改扩建时的施工管理也很重要。

c. 利用通风对策

与外墙接触的壁柜、紧靠外墙摆放的家具及里面的被褥、家具与外墙间的缝隙都很窄小，湿度大、温度低的空气容易聚集，

图5.3.7 角落里的热流动

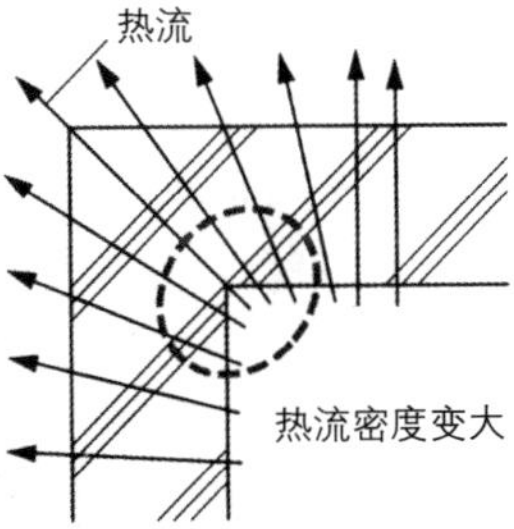

热流
热流密度变大

图5.3.8 热桥（内保温工法）

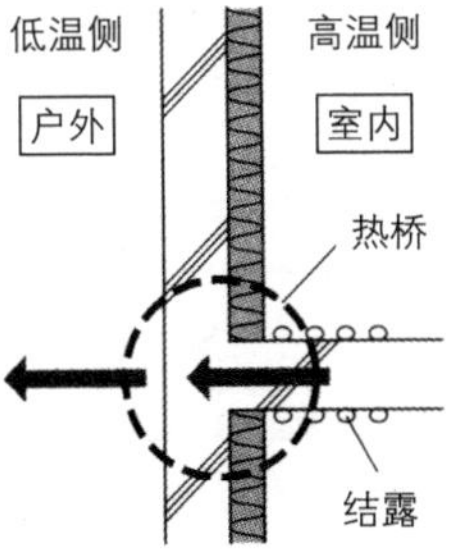

低温侧　高温侧
户外　室内
热桥
结露

易于发生结露。如图5.3.9所示，留出缝隙，可形成良好空气流动。另外，如果窗帘遮挡得太严实也是造成结露的原因，因此，窗两侧的窗帘要适当留出空隙，以便于空气流动。

2 内部结露

内部结露与表面结露不同，多发生在墙本体等外表看不到的地方，保温性能下降，木材腐朽是其诱因，建筑物的强度、寿命会因此下降。而处在严寒地区结露部位的冰冻等还会引发严重损害。一般情况下，为了防止表面结露可以从室内侧贴保温材（内保温）、玻璃棉等纤维系保温材隔热，水蒸气也易于透过。保温材的室内侧温度高，而另一侧温度急剧下降变得与户外差不多，并且室内水蒸气量没什么变化，相对湿度很高易发生结露。要防止内部结露，可以像图5.3.10那样在保温材料的高温侧（室内侧）贴既阻挡水蒸气通过又防潮的聚苯乙烯泡沫等防潮板，以防水蒸气渗入保温材。如图5.3.11，如果从保温材的低温测（户外侧）贴防潮膜，水蒸气就会滞留在墙体内，使结露扩展。此外，为了防止内部结露还可以如图5.3.12那样，在外装修材与保温材之间设置透气层，用来排出水蒸气，通过降低绝对湿度也可以减少内部结露的发生。

图5.3.9　壁柜、家具的防结露

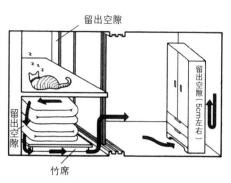

图5.3.10　室内侧设防潮层时

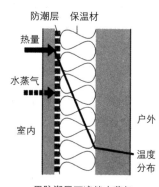

用防潮层可遮挡水蒸气，
避免内部结露

图5.3.11　室外侧有防潮层时

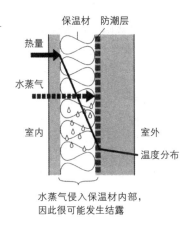

水蒸气侵入保温材内部，
因此很可能发生结露

图5.3.12　设有透气层时

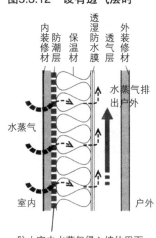

防止室内水蒸气侵入墙体里面

4. 霉菌与螨虫

由于住房气密性的提高等因素致使室内换气不足而发生结露，这也是造成霉菌、螨虫滋生的原因。

1 霉菌

霉菌是一种属于真菌类的微生物。霉菌的繁殖条件有温度、湿度、营养、氧等，尤其是温湿度影响更大。霉菌在温度20~30℃、相对湿度80%以上环境中易于增殖。霉菌繁殖所需的水分可以从结露以及厨房、浴室等用水环境中摄取。

住房中的霉菌多在厨房、浴室、洗脸室、厕所等用水环境以及北侧墙壁、壁橱、鞋柜、空调机过滤器等各种地方滋生。住房常见的霉菌为黑霉（图5.3.13）、酵母菌、青霉、红霉。霉菌繁殖引发的真菌感染、过敏症、中毒症等对健康有很大影响。下面讲有关预防霉菌的对策。

a. 真菌感染症

霉菌经皮肤、口鼻等部位进入人体，积蓄后发病，包括脚气、金钱癣等白癣性皮肤病。

b. 过敏症

空气中悬浮的真菌的孢子是变应原。支气管哮喘、过敏性鼻炎等皮肤病。而且霉菌还是螨虫这一过敏源的食饵（图5.3.14）。

c. 中毒症

主要是在食品上繁殖的霉菌生成的真菌毒素（毒枝菌素）引起。这些毒素有肝毒、神经毒等，有些还具有致癌性。如果误食了沾有毒素的食品很少会马上出现呕吐等症状，而是由慢性疾患转化为癌、引起肝功能障碍等。

d. 预防措施

高温多湿的夏天为了降低室内绝对湿度，需要除湿；冬天要提高保温性能消除室内的低温场所，这些都与防止霉菌有关。另外，确保室内通风，尤其是厨房、浴室、洗脸室等用水环境更要充分注意防潮。

2 螨虫

住房中的螨虫会叮人，造成皮肤感染等直接危害或通过大量滋生而令人不适、造成精神危害。直接危害包括：①寄生在人体上；②吸血、叮咬；③过敏源。

图5.3.13　黑霉（照片提供：卫生微生物研究中心）

图5.3.14　螨虫以霉菌为食（照片提供：卫生微生物研究中心）

a. 寄生于人体

寄生于人体皮肤，引发皮肤疾患的螨虫中，疥癣螨虫是比较典型的一个品种。疥螨引发的疥癣症具有很强传染力，可通过接触在人际传播。

b. 吸血·叮咬

叮人的螨虫包括生息于房尘环境中的甲螨虫、老鼠身上的恙螨、禽类身上的林禽刺螨、脱羽螨、鸡虱。甲螨虫以外的螨类会吸血，甲螨虫生息于榻榻米的房尘中，它们捕食其他螨类、小昆虫等，所以，这些东西增多甲螨虫类也就随之增多。它们在房尘中的数量一增加也会叮人，多发季节集中在夏秋季。恙螨和林禽刺螨等寄生于鼠类、住家周围的禽类身上来吸血，但遭驱赶或离巢失去宿主后即转而寄生于人体并吸血。

c. 过敏成因物质（变应原）

住房中最常见的螨虫是尘螨科中的蠕螨和粉螨这两种表皮螨，它们占螨类的70%以上，成虫体长约300μm，全年常见，但6月~9月的夏季会大量滋生。螨虫排泄物及尸骸形成过敏原物质（变应原），引发哮喘、过敏性皮炎等过敏症状。它们不会在人体吸血，也不叮人。这些表皮螨类的繁殖温度为15~35℃，最适温度20~30℃，最适相对湿度蠕螨为70%以上，粉螨在55%以上，都不超过80%，一旦超过80%便有助于霉菌的繁殖，而霉菌会妨碍螨虫的繁殖。

此外，粉螨科的代表品种普通谷螨则靠房尘、食品生存，全年都有发生，尤其高温多湿的6月~9月最多，新榻榻米上也有大量滋生。另外，尼克扁虱与粉螨同样都是靠尘埃、食品生存，但它们在粉螨较少的12月~3月仍可以大量滋生。

d. 预防与对策

为了预防螨虫就要经常晾晒寝具等、洗床单、打扫角落卫生，利用通风换气或除湿机等把房间湿度保持在60%以下，营造不利于房尘积聚的环境。

整理与练习题

请回答以下问题。[　]内需要填空，或选择里面的正确选项。

问1 室内影响人体冷热的温暖要素包括[①]、[②]、[③]、[④]四大要素，还有[⑤]和[⑥]来自人的两个要素，这些要素合称温暖六要素。

问2 评价温暖环境的代表性指标有新的有效温度ET*、[①]。处在不同着装量、代谢量的情况下，新的有效温度ET*无法做比较，只有在气流0.1m/s、着装量0.6clo、代谢量1.0met这一标准环境下，且相对湿度50%时，以平均辐射温度为体感温度的指标才是[①]。

问3 局部不适感的原因来自不均匀辐射、上下温度分布、地板表面温度和[①]这4个方面。

问4 固体中的[①]、固体表面和与其接触的流体之间发生的[②]、物体之间以热线方式传递的[③]，热量通过这些方式由高温侧向低温侧移动。

问5 空气与空气之间通过墙、地面等做热的移动叫做[①]，这一热的移动量在面积1m²的墙两侧的温差为1K时，用表示1秒钟流动热量的[②]计算。

问6 如图5.2.7，在20mm发泡聚苯乙烯与150mm混凝土之间半封闭设置20mm中空层，求当室内外温差$t_i - t_o = 20℃$时的热传递量Q [W/m²]。20mm厚半封闭中空层的热阻力$r_a = 0.083m^2 \cdot K/W$。图5.2.7从室内向室外的热传递阻力R如表5.2.4，$R = 0.884m^2 \cdot K/W$，加上20mm厚半封闭中空层的热阻力$r_a = 0.083m^2 \cdot K/W$，设置半封闭中空层时的热传递阻力即$R = [①] m^2 \cdot K/W$，热传递系数$K = 1/R = [②] W/(m^2 \cdot K)$。即热传递量$Q = K (t_i - t_o) = [③] W/m^2$。

问7   保温性能①（好、差）的建筑物由于热的流失少，开始采暖后
      室温很快升高，而［②］大的建筑物开始采暖后室温达到稳定
      状态需要经过一定时间，室温上升较慢。采暖停止后室温的下
      降也比［②］小的建筑物慢，受户外气温影响小。

问8   空气中所含的水蒸气用湿度、水蒸气分压表示。湿度分相对湿
      度和绝对湿度。①［相对湿度、绝对湿度］，是潮湿空气里所
      含水蒸气分压对饱和水蒸气压的比例［％］，②［相对湿度、
      绝对湿度］是1kg干燥空气中混入的水蒸气的质量［kg/kg′］。

问9   空气中能包含的水蒸气量，气温越①［高、低］水蒸气量越
      多，相对湿度100%时的水蒸气分压叫做［②］。

问10   图5.3.4的潮湿空气线图中室温21℃，绝对湿度0.011kg/kg′时
      的相对湿度为［①］%。此状态下如室温下降，相对湿度达
      到100%的温度就是［②］，约［③］℃。

问11   水滴附着在窗户、墙壁的表面的现象叫做结露。结露分为发
      生在室内墙表面的［①］和发生在墙体等内部的［②］。

问12   为了防止内部结露可在保温材的①［室内侧、户外侧］张贴
      阻隔水蒸气的防潮板（防潮层），在②［室内侧、户外侧］
      设防潮层会使结露扩展。

6章

住房与声音

本章的构成与目标

6-1　声音的性质

声波是空气粒子的振动波。进入耳朵的声波通过听觉器官作为声音被感觉到。本章将学习声音这一物理量的处理和声音等级的表示方法。还要了解人类听觉的机理，如何从心理、生理上听取声音。学习不同声源的声音传播方法和衍射等基本性质。

6-2　噪声与振动

了解噪声等级等评价尺度和与住房相关的各种评价方法。声音分为在空气中的传播声和在固体中的传播声，传播方式不同，衰减程度也不一样，首先学习对空气中传播的声音做隔声处理的方法。另外，关于振动方面，还要学习住房中发生振动的部位和原因，学习防振对策。

6-3　混响与吸声

音乐厅等场所的混响让声音显得浑厚深沉，可是会议室等场所声音不需要太响亮，适当控制音量才能听清讲话内容。为此就要学习如何按房间用途制定混响与吸声计划。还要考虑吸声结构与材料选择所造成的不同吸声效果。

1. 住房与声音

　　我们周围充斥着各种声音，环绕住房的声音分为发生在建筑物外面传入室内的声音和发生在建筑物内部的声音。侵入室内的声音有来自汽车、火车、飞机的交通噪声；来自工厂的机械声音；来自建筑工地的施工声音和商业街的广播等。建筑物内部有说话声；钢琴、电视机及立体声音响的音乐；楼上的脚步声；厕所的给排水声音等。我们可以听到各种各样的声音，有时对声音会感到厌烦，甚至形成听力障碍、妨碍睡眠等诱因。对这些对生理、心理产生影响的声音我们必须进行有效控制。

　　图6.1.1　住房内外发生的声音

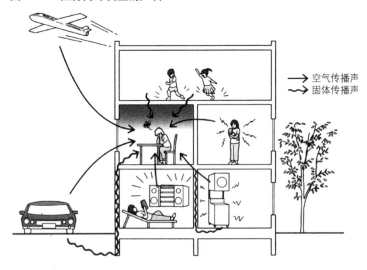

如图6.1.1所示，发出的声音在空气中传播叫做**空气声**，建筑物内部或外部发生振动传给建筑结构经墙壁、顶棚等从表面发出的声音叫做**固体声**。声音传播路径不同，对空气声及固体声的控制方法也不一样。应对造成问题的声音重点在充分了解其发生·传播的现象。

对于住房里的声音，一是阻断来自外面的声音，同时避免室内发生的声音传到邻近房间或扩散到外面；再就是室内欣赏音乐时产生的室内声音等要控制适当音量。为了营造舒适的声音环境，要通过物理方法对声音进行控制，还包括对人际关系、视觉上的设计等从心理方面进行研究。

② **声音的物理量**

① 声波

声波是在空气等气体、水等液体、墙壁等固体中传递的波，通过声波引起听觉器官产生的感觉就是声音。

声波传播的空间叫**声场**，声场将物体振动等形成的力施加给空气，如图6.1.2（a），空气中的微小部分（空气粒子）在平均位置前后发生往复运动（振动）。这种振动依次传给相邻的空气粒子即声波的传播，空气粒子振动的速度叫做粒子速度。如图6.1.2（b），空气粒子密度较大的部分比大气压的压力高，密度稀疏部分压力低，这种疏与密的现象中交替传播的声波也叫**疏密波**，压力有变化的部分叫做**声压**。另外，这些空气粒子的往复振动如果与波的行进方向一致也称其为**纵波**。

a. 声压

由声波产生的声压p［Pa：帕斯卡］与电气中的交流一样，时间的平均值为0。为此，为了表示一定时间内T［s］的声压大小，就按时间的变化以声压的**瞬时值**为p_i［Pa］，如下公式用来定义**时效值**（图6.1.3）。

$$p = \sqrt{\frac{1}{T} \int_0^T p_i^2(t)dt} \quad [\text{Pa}] \qquad (6.1.1)$$

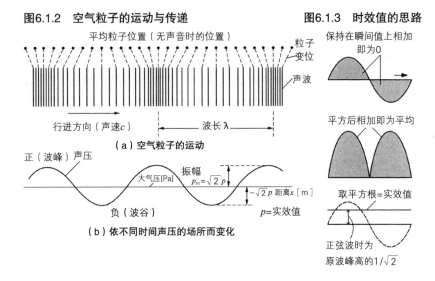

图6.1.2　空气粒子的运动与传递

平均粒子位置（无声音时的位置）

粒子变位

声波

行进方向（声速c）　　波长λ

（a）空气粒子的运动

正（波峰）声压

大气压[Pa]

振幅$p_m = \sqrt{2}\,p$

距离x[m]

$-\sqrt{2}\,p$

p=实效值

负（波谷）

（b）依不同时间声压的场所而变化

图6.1.3　时效值的思路

保持在瞬间值上相加即为0

平方后相加即为平均

取平方根=实效值

正弦波时为原波峰高的$1/\sqrt{2}$

正弦波时，设实效值p的最大振幅是p_m，则$p = p_m\sqrt{2}$。只要声压不间断就使用此实效值。

b. 频率

声波有周期性的声压变化（波峰与波峰、波谷与波谷之间），其每秒钟的反复次数叫做**频率**f[Hz：赫兹]。每秒反复次数越多频率越高，100Hz与1000Hz相比1000Hz听起来声音更高。

c. 声速

1秒钟内声音传播的距离叫**声速**c[m/s]。空气中的声速用下式表示：

$$c = 331.5 + 0.61\,t \quad [\text{m/s}] \qquad (6.1.2)$$

这里的t为温度[℃]，常温（15℃）时声速c约为340 m/s。

d. 波长

图6.1.2中某一时刻波峰与波峰的距离就叫做波长λ[m]。与声速c之间为$\lambda = c/f$[m]的关系。而一个波长所需时间叫做周期T[s]，与频率f[Hz]之间为$T = 1/f$的关系。所以，常温下的2000Hz的波长$\lambda = c/f = 340/2000 = 0.17$m。周期$T = 1/f = 1/2000 = 0.0005$s（=0.5ms：毫秒）。

2 声能

声波传递中的声能沿行进方向传播，所以声音也可以理解为一种能量。其表示方法如下：

①垂直于声音行进方向的1m²横截面积上，1秒钟通过的声能叫做**声强**I [W/m²]

②1m³所含的声能这种**声能密度**E [J/m³] 有2个。

设声压的实效值为p [Pa]，粒子速度为v [m/s]，空气密度为ρ [kg/m³]，声速为c [m/s]，则①中声强I [W/m²] 的公式如下：

$$I = p \cdot v = \frac{p^2}{pc} = pcv^2 \quad [\text{W/m}^3] \qquad (6.1.3)$$

这里ρc [Pa·s/m] 叫做**特性阻抗**，是空气、水等不同声波传递媒介的固有值，空气通常使用400 Pa·s/m。由该公式可知，声强与声压、粒子速度的平方成正比。一般的声场②的声能密度E与声强之间有如下公式关系：

$$E = \frac{I}{c} = \frac{p^2}{pc^2} \quad [\text{J/m}^3] \qquad (6.1.4)$$

而声源1秒钟辐射出的声能叫做**声输出**或**声功率**P [W]。

3 分贝

人类可以听到很广范围（声强表示为$10^{-12} \sim 10$W/m²）内的声音。但是，直接使用这一数值很不方便，为此，在"人类的感觉量与物理量的对数值成正比"这一**韦伯·费希纳**（Weber-Fechner）**定律**的基础上，声音物理量的大小，先取对象能量A与基准能量A_0的比值，再以其常用对数10倍的值来表示。这里，取其与基准之比的对数就称作等级，单位是dB（分贝）。

$$L = 10\log_{10}\frac{\text{对象能量}A}{\text{基准能量}A_0} \quad [\text{dB}] \qquad (6.1.5)$$

有关如何读取这个等级，在声音、振动这类专业上表示声音的物理量时，对声强、声压、声能密度有各自的**声强级**L_1、**声压级**L_p、**声能密度**L_E，实用上的复数声波中可视为$L_1 = L_p = L_E$。另外，声输出用等级表示即声功率级L_W。表6.1.1为各功率的等级及基准值。

4 分贝的计算

a. 分贝的累加（能量相加、功率之和）

当L_1［dB］和L_2［dB］的声音同时存在时，等级L_3［dB］用下式计算，这里$L_1 \geqslant L_2$。

$$L_3=10\log_{10}(10^{L_1/10}+10^{L_2/10})=L_1+10\log_{10}(1+10^{(L_2-L_1)/10})=L_1+C_S \quad ［dB］ \qquad (6.1.6)$$

这里C_S是求功率之和的时候用的补偿值。L_3［dB］可利用表6.1.2简便求出。

求L_1-L_2的差时，把对应表6.1.2的差的补偿值与L_1相加，求出L_3，比如，L_1=65dB，L_2=63dB时，L_1-L_2=65-63=2dB。由表6.1.2可知C_S=2dB。所以，$L_3=L_1+C_S$=65+2=65dB。L_1-L_2如果在10dB以上，无需补偿，直接$L_3=L_1$。

b. 分贝的减除（减能量）

比如，测定某机械的噪声时，如果还存在该机械以外的声音（背景噪声）就要使用减除背景噪声能量之后的等级。所谓背景噪声就是假设运转中的机械噪声为等级测定对象时，在机械未运转情况下测定对象以外的声音。分贝的减除正是用于对这种背景噪声的补偿。

机械运转时的噪声等级L_3［dB］只是由机械声的等级L_1［dB］和背景噪声等级L_2［dB］的能量相加来求解，欲求的L_1作为L_3和L_2的能量之差，可用下式计算，这里$L_3 \geqslant L_2$。

$$L_1=10\log_{10}(10^{L_3/10}-10^{L_2/10})=L_3+10\log_{10}(1-10^{(L_2-L_3)/10})=L_3+C_D \quad ［dB］$$
$$(6.1.7)$$

表6.1.1　等级表示量

名称	定义式	基准值	单位符号
声强级	$L_I=10\log_{10}(I/I_0)$	$I_0=10^{-12}$［W/m²］	
声压级	$L_p=10\log_{10}(p^2/p_0^2)$ $=20\log_{10}(p/p_0)$	$p_0=2 \times 10^{-5}$［Pa］	dB
声能密度级	$L_E=10\log_{10}(E/E_0)$	$E_0=2.94 \times 10^{-5}$［J/m³］	
声功率级	$L_W=10\log_{10}(P/P_0)$	$P_0=10^{-12}$［W］	

表6.1.2　用于求功率之和时的补偿值C_S

等级差L_1-L_2［dB］	0	1	2	3	4	5	6	7	8	9	10以上
补偿值C_S［dB］		3		2				1			0

表6.1.3　背景噪声（振动）的补偿值C_D

有无对象噪声（振动）指示值之差L_3-L_2［dB］	3	4	5	6	7	8	9	10以上
补偿值C_D［dB］	−3		−2			−1		0

　　等级L_1［dB］也用表6.1.3做简易计算。利用$L_1=L_3+C_D$的关系，求L_3-L_2的差，将表6.1.3的补偿值C_D与L_3相加，可求出L_1。比如，$L_3=65dB$，$L_2=61dB$时，$L_3-L_2=65-61=4dB$。由表6.1.3可知$C_D=-2dB$。所以，$L_1=L_3+C_D=65-2=63dB$。L_3-L_2如果在10dB以上，无需补偿，直接$L_1=L_3$。

3. 听觉与声音知觉

1 耳朵的构造与功能

　　耳朵的构造如图6.1.4，包括外耳、中耳、内耳3部分。外耳由耳廓、外耳道构成，到达耳廓的声波传递到外耳道，振动**鼓膜**。中耳由鼓室、听小骨、耳道管构成。鼓膜的振动依次经由锤骨、砧骨、镫骨

图6.1.4　耳的构造

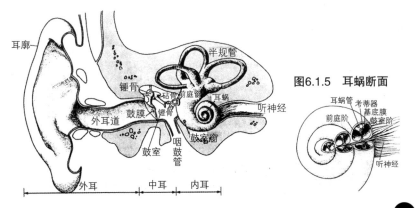

图6.1.5　耳蜗断面

图6.1.6　频率与基底膜感受位置

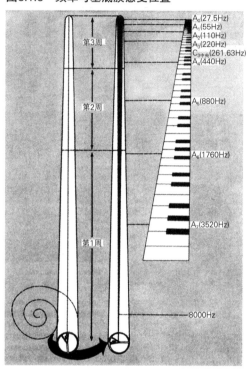

传递给听小骨，再传给耳道管。内耳由耳蜗、半规管、听神经等构成。耳蜗如图6.1.5，是一个盘旋2.5圈的管状器官，里面充满淋巴液，通过双层膜分隔成前庭阶、耳蜗管、鼓室阶3个部分。对声音的感知起主要作用的是分隔鼓室阶与耳蜗管的**基底膜**。来自前庭窗的振动先扰动耳蜗内的淋巴液，使基底膜也振动起来，基底膜最大振幅的到达位置依声音的频率而不同。如图6.1.6，声音越高距基底膜入口越近，声音越低越靠近基底膜末端，振动越大，并进行粗略的频率分析。振动带来的刺激变换成电信号，以此作为听觉神经脉冲传递到大脑皮层的听觉区，听觉因此感知声音。

2 声音的心理三属性

人类可以听到的声音（可听声）其声压约0~120dB，频率20~20000Hz，听不到的1~20Hz的声音叫**次声**，20000Hz以上的声音叫**超声**。

用来表示可听到的声音的**心理性属性**，包括声音的**大小**、**音高**、**音色**这3个方面。

a. 声音的大小（响度、loudness）

心理上感受的声音大小叫音量（响度）。音量依存于声压和频率，频率一定则声压越大音量感觉越大，频率不同即使同一声压对音量的感觉也不一样。具有正常听觉的人两耳听到某频率的纯音（单一频率、正弦波）时，听到1000Hz的相同音量其纯音声压等级就叫音量等级（**响度等级**），单位为phon（方）。某频率的纯音与1000Hz的声压等级40dB纯音听到的是同一音量，此时该纯音的响度等级就是40phon。图6.1.7是各种频率的纯音与1000Hz的纯音听到相同音量的声压级连接起来的**等响度曲线**。由此图可知，耳朵的感度3~4kHz为最大值，低音域和高音域都很小。而且声压级越大等响曲线越平直。人类可听到的声压最低限度称作**最小可听值**，即图中最下方的曲线（线段虚线），约4phon。

b. 音高（音调平，pitch）

1）音调单位

纯音的音高主要取决于频率，频率越高越感觉音高，音高的心理尺度单位为mel（迈）。以1000Hz、声压级为40dB纯音的高度为基准，音高即1000mel。对其n倍的感觉音高就是$1000n$mel，2倍的感觉音高就是2000mel。纯音频率与音高的关系如图6.1.8所示。

2）音阶

频率上也按韦伯·费希纳定律声压以2为底的对数，有频率f_1、f_2

图6.1.7　等响曲线（ISO 226－2003）　　图6.1.8　纯音频率与音量的关系

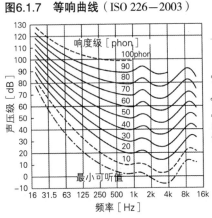

［Hz］这两个音时，$\log_2(f_2/f_1)$ 就是音阶数。f_2 为 f_{12} 倍时的一个音阶。图6.1.9是各种乐器的频率分布及钢琴琴键的频率分布。图中钢琴的A音（拉）从左侧开始沿着 A_0、A_1、A_2……移动时，频率也沿着27.5、55、110……［Hz］按2倍幅度逐一增大。一个音阶高的同一音名的音频率数变为2倍。

3）频率分析.

防噪声措施首先要了解噪声中含有哪些声音成分（高频还是低频），要了解处在什么**频率带**（带宽），声能的大小，就要分析频率的频谱。一般如图6.1.9的下表所示，以频率为中心计算每个频率带的声压级（带宽等级）。图6.1.9中，一个音阶的宽度即钢琴 A_2（拉）的110Hz的音，即包含在125Hz频率带中的音。通常用一个倍频带做频率分析，如果需要进一步详细分析就要把一个音阶分割，按1/3频带进行。频率带宽1Hz的声压级叫做**频谱等级**。

图6.1.9　乐器的音域与1音阶、1/3音阶

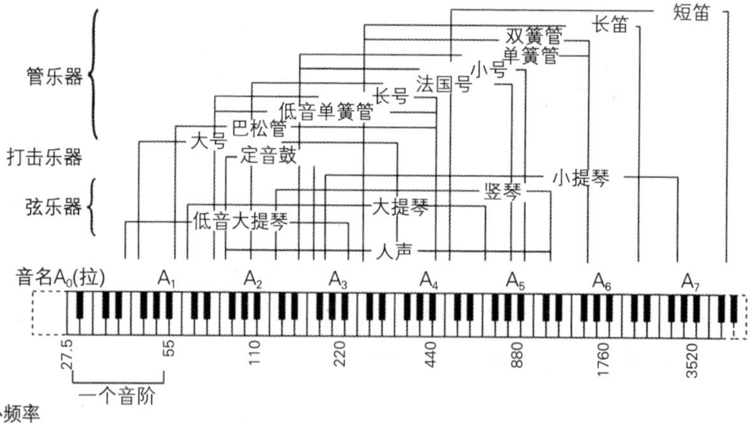

中心频率																							
1/3音阶带宽	25	31.5	40	50	63	80	100	125	160	200	250	315	400	500	630	800	1000	1250	1600	2000	2500	3150	4000	5000
一个音阶带宽		31.5			63			125			250			500			1000			2000			4000	

频率分布［Hz］

c. 音色（timbre）

相同音高音量的440Hz的声音，我们可以区别哪个是钢琴、哪个是小提琴的声音。两者音色的区别大致可以通过频谱（频率成分）做出判断，但是，无法简单地用一个物理量来表示。

图6.1.10是只含单一频率成分的纯音音色，通常给人感觉清澈明晰，但来自乐器的2个以上纯音组成的**复合音**频谱上已改变了音色。图中乐音的波形（用来显示声压的时间变化）是周期性的，由于都是出自频谱中的倍音（基音整数倍的声音）因此不是连续音。而杂音在频谱上连续，一般感觉不出音程，比如"喳——"让我们听到的白噪声其各频率能量相同，波形不规则频谱就可以连续存在。

3 屏蔽

火车站站台上的广播可遮盖周围的其他声音，往往只能听到广播的声音，这种现象就叫屏蔽。图6.1.11为屏蔽声（屏蔽噪声）的中心频率为1kHz，用于频带宽160kHz的噪声（频带杂音）场合的屏蔽。屏蔽声越大，最小可听值越高，被屏蔽的频率范围也越大，高频比低频更易于发挥屏蔽作用。而越靠近屏蔽声的频率屏蔽效果越好。

图6.1.10 声音波形与频谱

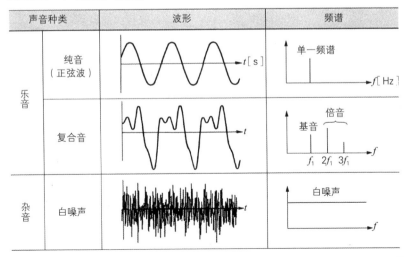

声音种类		波形	频谱
乐音	纯音（正弦波）		单一频谱
	复合音		基音 倍音
杂音	白噪声		白噪声

4 鸡尾酒效应

指喧闹场所中，正在关注的、想听到的声音也可以听得到。即使大庭广众、人声嘈杂的鸡尾酒晚会环境中也能听得到关注对象人物的讲话声，这就是**鸡尾酒效应**。

5 老年人听觉特性

指因年龄因素造成的老年人听力下降。这种听音能力存在很大的个人差异，老年人听力下降，使得他们谈话、电视等声音的音质和信息量都有所下降。老年人听声音受周围音响环境的左右，居室空间或公共空间如音响环境差即伴生疲劳感和不适感，也是形成压抑的诱因。作为老年人的听觉特征有：①高音域的听力下降；②招聘现象（补充现象）；③耳鸣。

①高音域听力下降的情况如图6.1.12所示，听力低下即最小可听值的上升量用听力等级表示。年龄因素造成的高音域的听力下降，表现在男性身上比女性更明显。其原因在于个人的基因因素，并考虑职业、生活环境等外在因素的影响；②招聘现象是随着老年人听力下降出现的现象，声音小得听不到了，而声音过大也会着急抱怨。③所讲到的耳鸣有近10%的老年人都有这种情况。

图6.1.11　窄频带的屏蔽举例

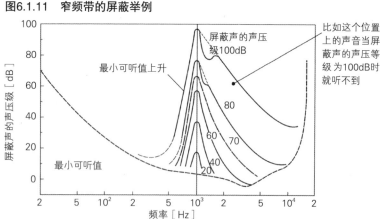

图6.1.12 不同年龄的听力等级（20岁年龄段为基准、中间值）（ISO 7029-2000）

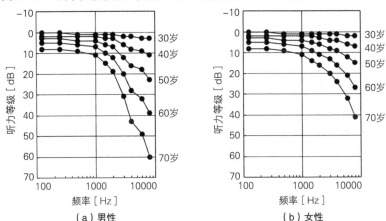

（a）男性　　　　　　　　　　　　（b）女性

4. 声音的传递

随着离开声源越来越远，声强逐渐减小，这一过程叫做距离衰减。此外，反射、折射、衍射等对声音的传递都有影响。

1 距离衰减

依声源形状（点声源、线声源、面声源）距离衰减程度也不一样。

a. 点声源

声源即使具备有一定的大小，可是与这一大小相比距离非常远的场所也同样视该声源为点声源。

声能为 P［W］的点声源放射出的声音呈球面状向外发出时，求距离声源 r［m］远的点声强 I［W/m²］，假设图6.1.13中的球面面积为 S［m²］，则 $I = P/S$［W/m²］。为此，声强等级 L_I（声压级 L_p）在声功率级为 L_W［dB］时，两者关系即表现为下式：

$$L_I = 10 \log_{10}(I/I_0) = L_W - 10 \log_{10}S \qquad (6.1.8)$$

无反射影响的自由声场的点声源衰减可用 $S = 4\pi r^2$［m²］求解，如下式：

$$L_I = L_W - 10 \log_{10}（4\pi r^2）= L_W - 20 \log_{10} r - 11 \quad［dB］ \qquad（6.1.9）$$

声源置于地表面，其上方空间呈半球状传播出声音，这种半自由声场中，则 $S = 2\pi r^2［m^2］$，可用下式求解：

$$L_I = L_W - 10 \log_{10}（2\pi r^2）= L_W - 20 \log_{10} r - 8 \quad［dB］ \qquad（6.1.10）$$

当来自声源外 $r_1［m］$ 的点，其声压级为 $L_1［dB］$ 时，距离声源 $r^2［m］$ 的点其声压级 $L_2［dB］$ 可用下式求解。点声源的声压级随距离每增加1倍，衰减6 dB。

$$L_2 = L_1 - 20 \log_{10}（r_2/r_1）\quad［dB］ \qquad（6.1.11）$$

b. 线声源（大交通量的道路、如管道般的线状声源）

无限长的线声源如图6.1.14所示，为自由声场呈筒状散发能量。距离轴线 $r［m］$ 远的圆柱面上，每米圆筒长度的面积为 $2\pi r［m^2］$。从线声源的单位长度（1m），发出的声能为 $P［W］$，声强 $I = P/2\pi r［W/m^2］$ 可知如果每1m声源长度的声功率级为 $L_W［dB］$，那么，求距离线声源中心轴 $r［m］$ 远点的声强级 L_I（声压级 L_p）$［dB］$，可用下式求解：

$$L_I = L_W - 10 \log_{10}（2\pi r）= L_W - 10 \log_{10} r - 8 \quad［dB］ \qquad（6.1.12）$$

另外，设距离轴 r_1、$r_2［m］$ 的点其各自的声压级为 L_1、$L_2［dB］$，

图6.1.13 来自点声源的传递

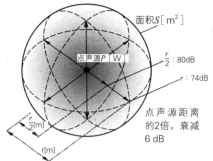

图6.1.14 来自线声源的传递

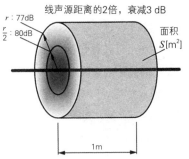

L_2可以用下式计算。由线声源决定的声压级随距离每增加1倍，衰减3dB。

$$L_2 = L_1 - 10\log_{10}(r_2/r_1) \quad [\,dB\,]$$
$$(6.1.13)$$

图6.1.15　来自无限面声源的传递

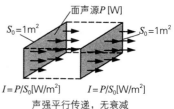

声强平行传递，无衰减

c. 面声源（工厂墙壁等面状声源）

面积无限大的面声源其声强以平面传递，因此即使离开这个面，声音也不会衰减。如图6.1.15所示，面积$S_0 = 1m^2$发出的声功率$P\,[\,W\,]$，会形成与距离无关的$I = P/S_0\,[\,W/m^2\,]$这种一定大小的声场。

2 声波的衍射

声波在无障碍物的空间朝前传递，但是，有障碍物时处于该影子的领域内会发生环绕传递。这一现象叫做**衍射**。如图6.1.16所示，波

图6.1.16　声音的衍射

高音（警笛等）容易造成声影　　低音（脚步声等）容易衍射

图6.1.17　墙的隔声效果

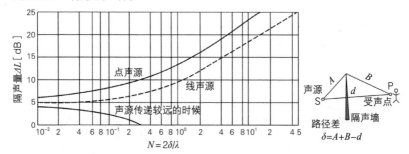

$$\delta = A + B - d$$

长越长（低频），出现的衍射也越大。

隔声墙的隔声效果依频率而不同，越是低频长波长隔声量则随衍射而越小。隔声墙的隔声量ΔL［dB］可用下式求出。从声源到受声点的声音路径（距离）如图6.1.17右图所示，无墙时是d［m］，有墙时是$A+B$［m］。两者差（路径差）δ为$\delta = A+B-d$［m］。设作为对象的声音波长为λ［m］，路径差δ被半波长$\lambda/2$除得的商为菲涅尔数N，$N=2\delta/\lambda$。因为有墙的存在，隔声墙的隔声量ΔL［dB］就使用这个菲涅尔数N，按图6.1.17求解。

3 声波的折射

a. 因媒质不同造成的折射

如图6.1.18，从声速c_1的媒质到与声速c_2媒质之间的边界，按入射角θ_1声波呈倾斜入射。此时，因声速不同声波发生折射，按折射角θ_2向媒质2传播。入射角、折射角和声速之间的关系如下式：

图6.1.18　声音的折射

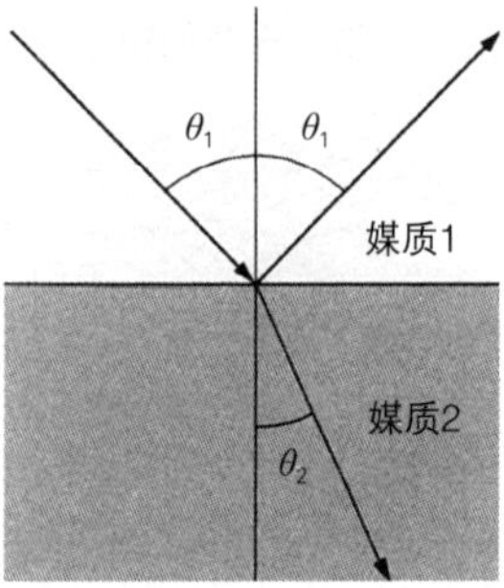

$$\frac{\sin\theta_1}{\sin\theta_2} = \frac{c_1}{c_2} \qquad （6.1.14）$$

b. 气温及风造成的折射

如图6.1.19（a）、（b）所示，大气与接近地面上空的气温不一样，声速有变化，所以，向声速低的一侧弯曲，声音发生折射。另外，越往上空风越强的情况下，也像图6.1.19（c）那样发生折射。

图6.1.19　气温及风造成的声音折射

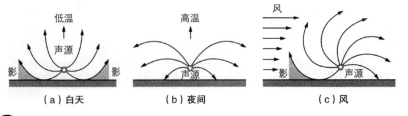

（a）白天　　　　　　（b）夜间　　　　　　（c）风

6-2
噌声与振动

① 1. 什么是噪声

■1 什么是噪声

声音包括公共场所的广播这类用于发布信息的有用声音，以及会覆盖这些信息的声音或耳机泄漏出的令人不快的声音、干扰的声音等不符合场所要求的声音。

JIS Z 8106−2000的"音响用词"中对噪声的定义是"令人不快的及不希望听到、不受其妨碍的声音"。对于鉴赏音乐的人而言尽管感觉舒适，可是如果令邻居家里正在工作的人感到厌烦，便成了使人不快的声音，这种情况下就形成了噪声。噪声不能按声音种类、大小定义，同样的声音在另一种场合依身体和精神状态等往往会变成噪声。从心理、社会因素方面来讲噪声是一个很复杂的问题。一般的噪声种类如表6.2.1所示。

表6.2.1　噪声种类

	噪声名称	声源
户外	交通噪声	·道路交通 ·飞机 ·铁路　等
	邻居噪声	·停车场（车等空负荷时） ·商店、食品店。卡拉OK等音乐 ·宠物叫声 ·孩子的声音、哭声 ·空调室外机　等
	工厂噪声	·压延机械、冲压机、剪切机 ·混凝土设备　等
	建筑工地噪声	·平整场地施工（挖掘机、铲土机） ·地基施工（打桩机　等） ·钢筋施工（铆接机　等） ·浇筑混凝土施工（搅拌车、泥浆泵车）
室内	空调噪声	·空调机出风口声音
	撞击地面声音	·儿童跑动　等
	较轻的地面撞击	·楼梯及地面走动 ·搬动家具　等
	给排水声音	·排水声音 ·冲厕声音 ·水锤声　等

2 噪声的影响

　　噪声的影响分为听力低下等对听觉系统的直接影响和妨碍睡眠、危害身体等间接影响。如表6.2.2，直接影响包括大音量等造成心理伤害、影响听力、听力受损；间接影响有讨厌、烦躁等情绪性妨碍。对睡眠的妨碍等会干扰生活，出现头痛、激动等身体影响。

表6.2.2　噪声的影响

种类		说明
直接影响	心理妨碍	大音量等只对听觉系统造成心理性妨碍
	听取妨碍	电视机、收音机、谈话、电话等对听取声音的妨碍
	听力低下	一时性阈值移动（一时性听不清）、长久性阈值移动（永久性听不清）
间接影响	情绪上的妨碍（精神症状）	讨厌、不快、麻烦、打扰等综合性心理伤害
		烦躁、精神涣散、意志消沉等精神症状上的影响
	生活上的妨碍	（影响听力也是生活妨碍之一）妨碍睡眠、无法休息、无法工作、学习、读书等
	对身体的影响	生理影响　对自律神经系统、内分泌的影响
		头发沉、头疼、胃肠不适、激动、耳鸣等身体症状上的影响

　　妨碍听声源于噪声形成的遮蔽作用，置身于较大噪声中往往造成听力下降。一时性听力低下又叫做一时性阈值移动（TTS）。一般表现为一时性听不清，噪声越大其影响也越大。另外，在TTS不能彻底恢复的状态下，继续处在噪声中就会造成所谓永久性失聪即永久性阈值移动（PTS）。存在大噪声的工厂里造成很多问题，但最近发现大音量使用耳机听音乐也会造成失聪。

2. 噪声的评价

　　噪声当中有空调室外机那种持续不变的一种声音，也有道路交通中过往汽车随着时间不断变化的噪声。随时间变动的噪声可按图6.2.1进行分类。噪声依时间而变动，因此评价方法（计算数值）也不一样，因此，要根据因时间发生变化的测定方法计算噪声等级。

1 噪声等级

　　表示耳朵所感知的声音大小的近似值就作为噪声等级。噪声等级可利用声级计（噪声计）做简单测定，与声音大小对应起来即可。噪声计如图6.2.2、图6.2.3所示，有一种与40phon的等响度曲线上下相反、形状相似的滤波器（**A特性**），显示的是各声音频率做重叠补偿后，对接近人的耳朵感知程度的评价值。噪声等级也叫做**A特性声压等级**，是涵盖频率重叠特性A的声压等级，单位用dB。

　　另外，还有些噪声计无需频率补偿的**Z特性**或平坦特性（FLAT）。无频率重叠的等级即声压级L_p[dB]，是一种物理量。噪声计的频率重叠回路通过如图6.2.4那样进行置换，即可进行噪声级或声压级的测

图6.2.1　随时间变动的噪声分类

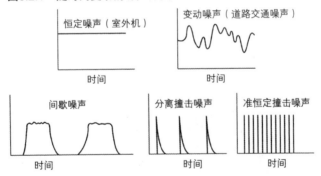

图6.2.2　频率重叠特性A、Z（JIS C 1509−1−2005）

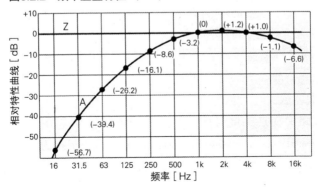

图6.2.3　A特性结构

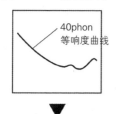

40phon
等响度曲线

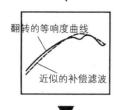

翻转的等响度曲线

近似的补偿滤波

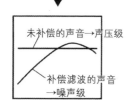

未补偿的声音→声压级

补偿滤波的声音
→噪声级

表6.2.3　身边噪声级举例

身边的声音	dB	人的声音及听音侧
	140	耳朵损伤
喷气式飞机起飞	130	耳朵痛
	120	
汽车喇叭	110	喊叫声（30cm）
高架桥下的电车	100	非常嘈杂
地铁车厢里	90	邻居声音
流量大的道路	80	听不到电话
嘈杂的办公室		
电视、收音机声音	70	大声谈话
	60	正常谈话
安静的办公室	50	
	40	安静（夜）有碍睡眠
夜里的市郊住宅区	30	非常安静
树叶摇动	20	喃喃细语

图6.2.4　噪声计的频率重叠回路

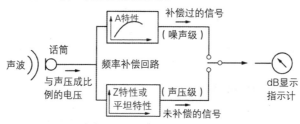

定。空调室外机这类变动不大的恒定噪声级，可通过读取噪声计指示值进行评价。表6.2.3为身边噪声级的举例。

2 等价噪声级

对道路交通这类随时间变动的噪声的评价，可用等价噪声级 $L_{Aeq'T}$。等价噪声级有关某时间范围 T［s］是把噪声级作为能量平均值来表示的量，对应人的主观评价量、人的反应为宜。等价噪声级如图

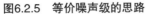

图6.2.5　等价噪声级的思路

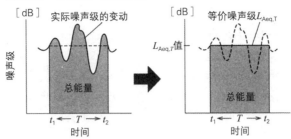

6.2.5所示，在测定时间$T=t_2-t_1$〔s〕中加上变动噪声级的总能量，即用测定时间T平均后的噪声级。可以视为在测定时间T中发生总能量相等的恒定噪声时的噪声级。

　　等价噪声级可用积分平均型噪声计测定。如果使用没有积分平均功能的噪声计，要按一定时间间隔通过噪声级取样做计算。

3. 声音环境基准

1 室内噪声允许值

　　室内噪声的允许值可以使用噪声级或NC值。噪声具有什么频率？如果需要进一步详细研究多采用图6.2.6中的NC曲线，每一倍频带的声压级可通过频率分析求出，其结果以NC曲线做成标图时，如所有频段都低于曲线该曲线的NC值就是评价值。比如，图6.2.6标图的噪声NC值为NC40，住房卧室为NC30~35，40 dB就是噪声级基准，噪声级与NC值的室内噪声允许值如表6.2.4所示。

2 噪声的环境基准

　　对于户外发生的噪声，在保证生活环境质量和人体健康的基础上，所期望的基准已按法律形式予以确定。基于环境基本法第16条中的"有关噪声的环境基准"、"有关飞机噪声的环境基准"、"有关新干线铁路的环境基准"。

　　"有关噪声的环境基准"中，面向道路的区域及其以外区域，按区域类型、分区，对照时间段用等价噪声级表示基准值（表6.2.5）。以居住为主的成排建筑物所在区域，白天不能超过55dB，夜间不能超过45dB。至于区域类型由都道府县的知事决定。

对于面向道路的区域及承担交通干线的道路其邻接空间可稍放宽，按照表6.2.6、表6.2.7的基准值。

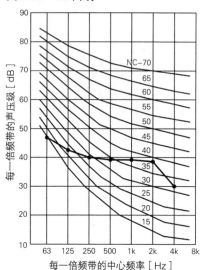

图6.2.6　NC曲线

表6.2.4　室内噪声允许值

噪声级[dB]	20	25	30	35	40	45	50	55	60
NC	10~15	15~20	20~25	25~30	30~35	35~40	40~45	45~50	50~55
讨厌	无声感——非常安静——并不在意——感觉噪声——不能忍受								
对谈话·电话的影响	离开5m稍有感觉——离开10m可以开会——一般谈话（3m以内）——大声谈话（3m）——可听到喘气声　不影响打电话　可以打电话　电话稍困难								
住宅				书房	卧室				
办公室				社长室大会议室	接待室	小会议室	一般办公室		

表6.2.5　面向道路的区域及其以外区域

区域类型	基准值[dB]	
	白天	夜间
AA	50以下	40以下
A与B	55以下	45以下
C	60以下	50以下

注1　白天：6:00~22:00　夜间22:00~6:00

注2　AA：疗养设施、社会福利设施等集中设立的地区等，特别需要安静的区域
A：专供居住的地区
B：主要用于居住的地区
C：与一定数量的住房共存，提供给商业、工业等使用的地区

表6.2.6　靠近道路的区域

区域类型	基准值［dB］	
	白天	夜间
A区域中靠近2车道以上道路的地区	60以下	55以下
B区域中靠近2车道以上道路的地区以及靠近C地区中靠近有行车道的道路	65以下	60以下

表6.2.7　邻近承担干线道路的路边空间

基准值［dB］	
白天	夜间
70以下	65以下

备注：个别住房中易于受噪声影响，如墙面上的窗口，如能认可，以关窗生活为主，进入室内的噪声可按照基准（白天：45dB以下；夜间40dB以下）掌握。

4. 隔声设计

1 声能的反射、吸收、透过

由声源发出的声音达到墙壁后，如图6.2.7，一部分被墙面反射，还有一部分被墙体内部吸收，其余的透过墙壁。设到达墙壁的入射能为E_i，反射能为E_r，吸收能为E_a，穿透能为E_t，则下述关系成立：$E_i = E_r + E_a + E_t$。

a. 吸声系数

依墙壁材料、结构的不同，有些易于吸收、透过声音，也有些不能吸收、透过声音而是将其反射。吸声材料及吸声结构的吸声特性用**吸声系数**α表示，其数值为未被反射的能在入射能中的占比，用下式表示：

$$\alpha = \frac{E_i - E_r}{E_i} = \frac{E_a + E_t}{E_i} \quad （6.2.1）$$

吸声系数α在0~1之间取值，越接近1表明吸声性能越好。

b. 透过率

材料、墙壁等遮挡声音的性能用**透过率**τ表示。其数值为透过的能在入射能中的占比，用下式表示：

$$\tau = \frac{E_r}{E_i} \quad （6.2.2）$$

图6.2.7　反射、吸收、透过

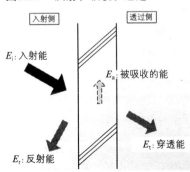

入射侧　透过侧

E_i：入射能

E_a：被吸收的能

E_t：穿透能

E_r：反射能

透过率 τ 在 0~1 之间取值，越接近 1 声音越容易透过，越接近 0 隔声性能越好。

c. 声音透过损失

进一步说，材料、墙壁等的隔声性能就是取这个透过率倒数的对数的 10 倍，用声音透过损失 R［dB］表示。这也是用来表示依材料、结构而不同的声音衰减量的数值。声音透过损失用下式表示，数值越大声音衰减量越大，表示隔声性能越好。

$$R = 10 \log_{10}\left(\frac{1}{\tau}\right) \quad ［dB］ \qquad （6.2.3）$$

比如，$R = 40$ dB 时，$\tau = 1/10^4$。这说明入射声的声能中有 0.0001 可透到墙的另一面。

2 隔声材料

声音透过损失大的材料叫做隔声材料。

a. 单体墙的声音透过损失

混凝土墙这类单一材料的单层墙或玻璃一类单一板料的声音透过损失基本性能，由频率 f［Hz］与墙的面密度（每 1m^2 的质量）m［kg/m^2］的乘积决定。

墙面等声波垂直入射时的声音透过损失 R_0 由下式表示：

$$R_0 = 20\log_{10} fm - 42.5 \quad ［dB］ \qquad （6.2.4）$$

声音透过损失按该公式计算，如果频率是 2 倍或面密度为 2 倍，则 $20\log_{10} 2 \approx 6$，可见，R_0 约增至 6dB（图 6.2.8 上方的曲线）。这样一来，声音透过损失依赖于墙面等面密度，这一关系叫做**质量定律**。

由公式（6.2.4）可知，墙面等面密度越大或声响频率越高，声音透过损失也越大。所以，如果是同材质墙壁（比如混凝土墙）墙壁越厚面密度越大，声音透过损失也就越大，而同样厚度的材料声频率越高声音透过损失越大。

另外，实际上大多数声场并非单一方向，来自各方向都有声波入射接近扩散声场。扩散声场（扩散入射）的声音透过损失 R 用下式表示：

$$R = R_0 - 10 \log_{10}(0.23R_0) \ [\text{dB}] \qquad (6.2.5)$$

扩散入射的声音透过损失R，如图6.2.8的下方曲线所示，每当频率或面密度为2倍时，即上升约5dB。但是，处于扩散声场斜向入射单体墙的声波，如图6.2.9所示会在墙（板）上出现折射波。此时按θ角入射墙面的入射波的波峰与波谷如果与传播到墙面的折射波的波峰与波谷一致，声波能就很容易透过墙壁。折射波的传播速度按照与空气中的声速一样的频率，如图6.2.8下方曲线所示，低于用声音透过损失公式（6.2.5）表示的质量定律的值。这一现象叫做**吻合效应**，其频率叫做吻合效应频率。

材料密度越大，刚性（难以弯曲的程度）越小，厚度越薄，其吻合效应频率越高。所以，面对薄墙、高频下产生的巧合效应就需要采取措施。不同厚度的玻璃板声响透过损失的实测值如图6.2.10，玻璃越厚声响透过损失越大，可见吻合效应频率偏向于低频侧。

b. 双层墙的声音透过损失

如图6.2.11所示，单层墙厚度增至2倍，根据质量定律其声音透过损失也不会超过6dB。如果完全独立的墙作为双层墙，该声音透过损失应该是两道墙之和，隔声效果增强。但是，实际上两道墙结构上很难完全独立，而且双层墙中间的空气层起到弹簧的作用，易振动频率

图6.2.8　单体墙的声音透过损失

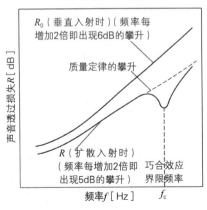

图6.2.9　吻合效应

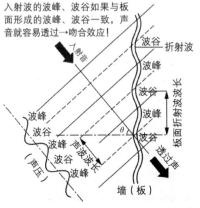

入射波的波峰、波谷如果与板面形成的波峰、波谷一致，声音就容易透过→吻合效应！

图6.2.10 不同厚度的玻璃板声音透过损失的比较（测定：小林理研）

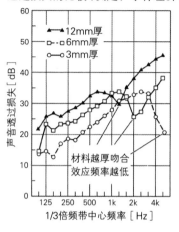

图6.2.11 单层墙与双层墙的声音透过损失

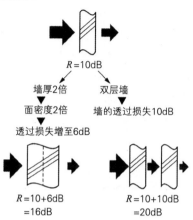

（**共振频率**）f_r［Hz］会引发造成共振的透过现象。

双层墙的声音透过损失的一般倾向如图6.2.12所示。如图，一般的双层墙的共振频率处于低频，该共振频率附近隔声效果低于单层墙。为了提高单层墙、双层墙的隔声性能：①设置独立间柱等勿形成**声桥**（sound bridge）；②空气层尽量用高性能吸声材料等处理；

图6.2.12 双层墙的声音透过损失

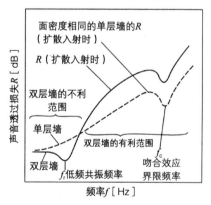

③双层墙或双层窗要使用吻合效应频率不一样的不同材料或不同厚度，这些至关重要。

图6.2.13为石膏板双层墙的声音透过损失举例，可见通过在双层墙中加入吸声材料强化了声音透过损失。图6.2.14中分别为一块厚6mm的玻璃、一块厚3mm+3mm的双层玻璃以及一块各厚3mm的双层

玻璃中间夹有6mm空气层的复层玻璃，这三种面密度相同的玻璃的对比。复层玻璃之所以对500Hz左右声音透过损失很小，原因就在于有共振。与厚6mm的玻璃相比，关键的频段降低了隔声性能。

③ 缝隙的影响

实际上建筑物不仅是单一结构的墙，还有门、窗、换气口等由很多具有不同声音透过损失的部位构成。由这些多部位构成的墙其隔声性能，即使开口较小的换气口也受到声音透过损失小的（隔声性能差）部分的影响，尤其是要求高隔声性能的场合，更要注重研究开口部，尽量避免出现易于透声的部位。另外，窗及其外框周围等缝隙处带来的影响切不可忽视，结构设计、施工中都要充分引起注意。

图6.2.15分别为普通窗、隔声窗、普通窗与隔声窗重叠起来的双层窗（空气层150mm）声音透过损失的对比。普通窗中高频声（500~2000Hz）的降低源于缝隙的影响。同样厚度（5mm）的玻璃，高气密性窗比普通窗有更好的隔声性能。而通过加双层还可进一步提高隔声性能。

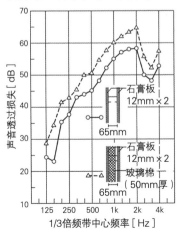

图6.2.13　双层板墙中有无吸声材料的对比（测定：大成建设技研）

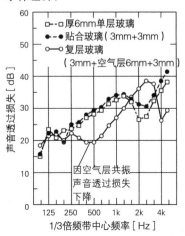

图6.2.14　各种玻璃对比（测定：小林理研）

❹ 室间声压级差

公共住宅、旅店等为了确认相邻房间之间隔声性能，要计算**室间声压级差**。可掌握包括缝隙及施工遗留的缺陷等在内的综合隔声量，中间夹着墙壁这类测试对象的两个房间，一方是声源室，另一方就成了受声室。声源室发出125Hz~4kHz的倍频带噪声，测定声源室与受声室倍频带声压级，求每个倍频带125Hz~4kHz的室间声压级差。图6.2.16为空气隔声性能的频率特性与等级曲线，并标出了求得的室间声压级差。隔声等级用标出的值在超出各频率数的等级曲线中最大的曲线数值表示。图例中125Hz的23 dB低于D_r–40的2 dB，但测定值若低于2 dB以内就是可允许的，所以，就成为D_r–40。日本建筑学会制定的建筑物、房间用途的适用等级如表6.2.8，而JIS A 1419-1-2000使用的是D右下加小写的r，即D_r。

图6.2.15　窗的对比（测定：小林理研）

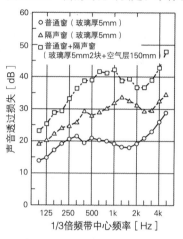

○ 普通窗（玻璃厚5mm）
△ 隔声窗（玻璃厚5mm）
□ 普通窗+隔声窗
　（玻璃厚5mm2块+空气层150mm）

纵轴：声音透过损失〔dB〕
横轴：1/3倍频带中心频率〔Hz〕

图6.2.16　空气隔声性能的频率特性与等级（等级曲线）（JIS A 1419-1-2000）

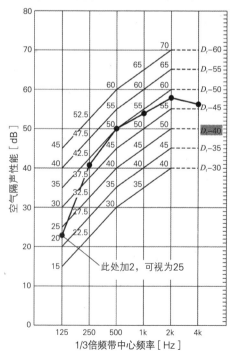

纵轴：空气隔声性能〔dB〕
横轴：1/3倍频带中心频率〔Hz〕

此处加2，可视为25

表6.2.8 有关室间平均声压级差的适用等级

建筑物	房间用途	部位	适用等级			
			特级	1级	2级	3级
公共住宅	居室	邻居之间的间壁墙·邻居之间的地面	$D-55$	$D-50$	$D-45$	$D-40$
旅店	客厅	客厅的间壁墙·客厅之间的地面	$D-55$	$D-50$	$D-45$	$D-40$
事务所	业务上存在隐私的房间	房间隔墙·租户之间隔墙	$D-50$	$D-45$	$D-40$	$D-35$
学校	普通教室	客厅隔墙	$D-45$	$D-40$	$D-35$	$D-30$
医院	病房（单间）	客厅隔墙	$D-50$	$D-45$	$D-40$	$D-35$

5 地面撞击声

公共住宅中人的脚步声、地板上掉落东西声、孩子跑动声等**地板撞击声**是一个问题。具体可分为高跟鞋等在硬质地板上的鞋掌声、羹匙落地声这类**地板轻撞击声**和孩子来回跑动的**地板重撞击声**。

评价地板撞击声时，来自楼上基准撞击源的撞击地板，楼下测定此时地板撞击声的声压级，依此做出评价。地板轻撞击声可适用JIS A 1418—1—2000规定的标准轻撞击源（放流设备），此撞击源有5个500g重的铁球从4m高处按每秒1次连续10次自由落下，对地板形成撞击这样一种结构。

图6.2.17 地板撞击声隔声性能的频率特性与等级（等级曲线）（JIS A 1419-1-2000）

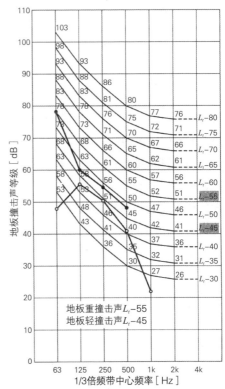

表6.2.9　有关地板撞击声的适用等级

建筑物	房间用途	部位	撞击源	适用等级			
				特级	1级	2级	3级
公共住宅	居室	邻居之间的地面	地板重撞击源	L–45	L–50	L–55	L–60、L–65[*]
			地板轻撞击源	L–40	L–45	L–55	L–60
旅店	客厅	客厅之间的地面	地板重撞击源	L–45	L–50	L–55	L–60
			地板轻撞击源	L–40	L–45	L–50	L–55
学校	普通教室	教室之间的地面	地板重撞击源	L–50	L–55	L–60	L–65
			地板轻撞击源				

*适用于木结构、轻钢结构或与此类似结构的公共住宅

　　而地板重撞击时，此前的规定是使用小汽车轮胎，从85cm高处落下的方法。由于撞击力过大，JIS A 1418–1–2000又另外规定了用橡胶球从100cm自由落下的方法。图6.2.17为地板撞击声隔声性能的频率特性与等级（等级曲线）。此图按每63Hz~4kHz倍频带的声压级绘制。隔声等级的标图值表示各低于频率的等级曲线中的最小曲线上所给出的值。图6.2.17的示例中地板轻撞击声L_r–45、地板重撞击声L_r–55。若能比测定值减少2 dB即被允许。日本建筑学会制定的建筑物、房间用途适用等级如表6.2.9，与空气隔声性能一样，JIS A 1419–1–2000使用的是L右下角加小写的r，即L_r。

　　为了降低地板撞击声，就地板轻撞击而言地板装修材料有很大影响，可使用降噪效果较明显的地毯之类柔软的东西盖在地板上面。表面使用硬质地板材料时尤其需要注意。楼板与地板材料之间应充填弹性材料以便用于减缓撞击。在地板重撞击方面，地板装修材料的效果并不明显，而是与楼板质量、刚性有关，厚楼板的隔声性能更好一些。

5. 振动与固体声传递

1 什么是振动

　　这里所说的振动指地基、地表及建筑物的振动。振动分为打桩机那种有一定时间间隔、同一状态的反复周期性振动和汽车等造成的时

间及强度都无法预知的不规则振动。发生源有工厂的机器、建筑工程施工、汽车、轨道交通以及普通住宅、公共住宅设置的机器设备等。来自这类发生源的振动经地下传播，传给建筑物。由墙壁、顶棚等向空中传播的形成固体传递声。在建筑物内停留时这些振动就直接让人感受到摇晃，比如房门等吱吱嘎嘎声响给人带来的间接感受，或看到物体的晃动。振动会影响建筑物内的精密仪器的动态，而振动较大时建筑物外墙、瓷砖等还会发生裂纹，门窗变形等。多数情况下振动的影响给人的不适感、失眠、心绪不宁等心理损伤更甚于物理性危害。有关环境问题列入对象的振动频率为1~80Hz。

② 振动加速度等级与振动等级

振动和声音一样可用等级表示。将振动加速度的实效值α［m/s^2］以等级来表示就是**振动加速度等级**L_α［dB］。与声音的声压级一样是无需对人的振动感觉做补偿的物理量。振动加速度等级L_a［dB］以基准振动加速度为$\alpha_0 = 10^{-5}$［m/s^2］，用下式求出：

$$L_a = 10 \log_{10}\left(\frac{a}{a_0}\right) = 20 \log_{10}\left(\frac{a}{a_0}\right) \quad [\text{dB}] \qquad (6.2.6)$$

需对人的振动感觉做补偿的振动加速度等级是**振动等级**L_V［dB］，与声音的噪声等级一样如图6.2.18所示，按每种频率基于人的振动感觉做补偿。人对垂直方向与水平方向的振动感觉不一样，因此振动感

图6.2.18　振动感觉补偿频率特性（JIS C 1510–1995）

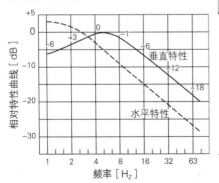

表6.2.10　振动等级与人的感觉

振动等级	振动的影响
90dB—	开始出现有意识的生理影响
80dB—	出现对深睡眠的影响
70dB—	半数以上人明显感觉到振动，开始出现对浅睡眠的影响
60dB—	开始感觉振动（振动阈值）
50dB—	

觉补偿分为垂直方向和水平方向。

　　振动等级存在多种振动源时，也按照与噪声同样的方法可累加能量。另外，需要消除测定对象振动源以外的振动（背景振动）时，可减除能量（参照6–1节2.**4** b.）。

　　出于对振动能感觉到、不能感觉到之间的边界值叫做**振动感觉阈值**。振动感觉阈值定为振动等级55 dB，而实际上按55 dB以下考虑。表6.2.10表示振动等级与人的感觉的对应。

3 **振动与固体传递声的防振**

　　建筑物内发生的振动、固体传递声的发生源有孩子的蹦跳、跑动，开关门的撞击声，搬动家具的拖拽声，给排水管声音，电机、泵等机械设备的声音。这当中针对撞击地板以外的建筑物内发生的固体传递声的对策，就以公共住宅的给排水设备的振动为例做个说明。

　　公共住宅中来自给排水设备的振动如图6.2.19所示，属于机器、配管的振动沿着建筑框架传递的固体传递声。针对固体传递声的对策中，首先在振动源机器的选择上要选振动小的，其次，机器、配管不能接触建筑框架避免由此发生振动。振动经建筑框架传递，在框架中不会有衰减，所以，防振措施要从振动源附近着眼，防止振动向框架传递。

　　一般常用防振材料有防振橡胶、弹簧垫等。材料特征方面需掌握的就是选择更符合设置目的的材料，决定弹簧个数及配置，注意勿增大振动。表6.2.11为防振材料种类及特征。

4 **振动及固体传递声的防振实例**

a. 便器的防振安装举例

　　图6.2.20为便器给排水及排便声音对策的实例。便器选择低噪声

表6.2.11　防振材料种类及特征

种类	特征
防振橡胶	最常用。20Hz以上的固体声音领域的有效防振措施。有多种类型，形式多样，成本低廉
弹簧垫	体感振动（1~80Hz）对有问题的低频振动有效，与防振橡胶并用为宜
其他：高密度玻璃棉、石棉、发泡聚氨酯材料	用于防振楼板、配管的绝缘，如用于防振楼板，用防振橡胶很容易施工，但耐水性、耐久性差。

型，便器与楼板之间的设置要夹防振橡胶，此时还要注意螺栓的紧固方法。图6.2.21表明加防振衬垫可将框架与机器的振动绝缘起来，但是，因螺栓与机器台座连接，振动会经螺栓传递给框架，可见这是很失败的安装方法。图6.2.20的施工方法利用橡胶套管、胶垫阻断了机器台座与螺栓的接触。

b. 给排水管的防振举例

流经给排水管的水的振动发生固体传递声。支护管路采取的对策如图6.2.22（a）所示，施工中夹防振橡胶等，用来阻止振动向框架传递。（b）是纵向管路支护方法的举例。

图6.2.19　来自给排水设备的振动（空气调和・卫生工学会编《给排水设备中减少噪声・振动设计・施工》减少噪声・振动方法小委员会报告书，1995年，第8页，图1.2.2）

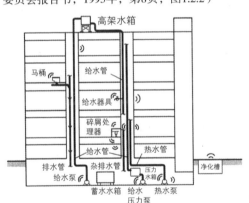

图6.2.20　采取防振措施的便器安装方法举例

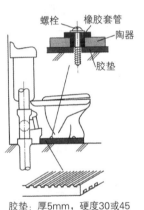

胶垫：厚5mm，硬度30或45

图6.2.21　螺栓安装失败的示例

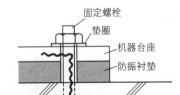

图6.2.22　采取防振措施的给排水管安装举例

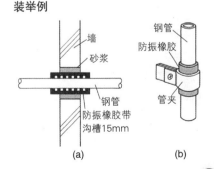

(a)　　　　　　(b)

6-3
混响与吸声

1. 混响调整的必要性

　　欧洲的大教堂那种声音久久回荡的空间里，当发出声音的声源停下来之后，声音仍有残留，这种声音叫做**混响声**。在这种空间里来自声源的声音如图6.3.1那样，首先是直达声，其后是初期反射声，接下来就是经过数次来回反射的声音到达受音点。音乐室、演奏厅为了让声音的音色丰富而宽广，这里的混响非常重要。而以演讲、谈话为主的会议室等场所，为了听得清晰明了（话语听清楚的程度），则要求混响不能过大。为此，就要对照房间的使用目的，通过**吸声材料**的运用等来调整混响。

　　住房的墙壁、顶棚多采用石膏板吊顶、地面铺装地板，虽然不特意使用吸声材料，但居室的家具、窗帘仍有吸声效果，所以日常生活中很少出现混响方面的问题。可是近年来，随着生活方式的多样化，为追求起居室的敞亮、开放，开辟大

图6.3.1　直达声、初期反射音、混响声

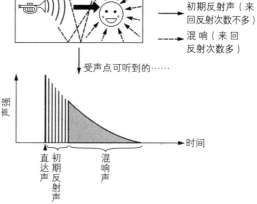

直达声

初期反射声（来回反射次数不多）

混响（来回反射次数多）

受声点可听到的……

响度

时间

直达声　初期反射声　混响声

玻璃面的共享空间、室内不放家具的家庭越来越多，这样的房间不吸声，说话声很响，是妨碍顺畅谈话的空间。通过混响的调整还可以为住房营造舒适的声环境，尤其是利用音响装置欣赏音乐的时候，阻断来自外部声音的同时，还要调整好室内声音以便舒服地听音乐。而弹奏钢琴等乐器时还要注意声音不要向外泄漏，设法通过吸声压低室内音量。

2. 混响时间

1 自由声场与扩散声场

如图6.3.2所示，在周围无障碍的野外演奏乐器时，只有直达声发生，声音显得很单调，而室内有来自各个方向的反射声，听起来圆润而丰满。

只有来自声源的直达声到达的声场叫做**自由声场**，而室内每个角落都能感受到同样的声强，各方向都有声音到达的声场叫做**扩散声场**。我们日常使用的房间如靠近声源受直达声影响；随着离开距离的增加反射声会逐渐增强，所以称不上真正的扩散声场，但在室内空间可以视其为扩散声场。

2 混响时间

表示房间混响程度的指标叫做**混响时间**。混响时间如图6.3.3所示，由室内声场发出声音，当室内声场能量达到恒定值后声源停止，此时，音响能量达到$1/10^6$所需时间就是混响时间的定义。如果以分贝表示即声压级降至60dB的时间为混响时间。

图6.3.2　自由声场与扩散声场

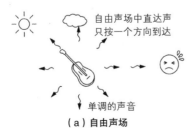

自由声场中直达声
只按一个方向到达

单调的声音

（a）自由声场

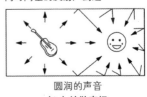

直达声之外，有从各方向、以不同时间差的反射声到达

圆润的声音

（b）扩散声场

图6.3.3　混响时间的定义

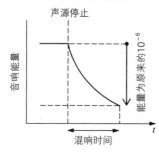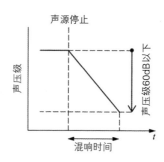

3 平均吸声系数

表示房间吸声性能时，使用平均吸声系数$\bar{a}$。房间通常由顶棚的板、地面的地板、墙壁的装修等各种不同材料构成。这些材料的吸声系数a乘以各自面积，再用房间整体表面积除，所得结果即平均吸声系数$\bar{a}$，其取值范围在0~1之间。

4 混响公式

计算混响时间有一个假想的扩散声场，再导入赛宾（Sabine）公式，其中设混响时间为$T\,[\text{s}]$、房间容积$V\,[\text{m}^3]$、房间表面积$S\,[\text{m}^2]$、平均吸声系数$\bar{a}$（0~1），房间吸声量（等价吸声面积）$A=\alpha S\,[\text{m}^2]$，则常温下的公式为：

$$T=\frac{0.161V}{S\bar{a}}=\frac{0.161V}{A}\quad[\text{s}]\qquad(6.3.1)$$

由该公式可知，混响时间$T\,[\text{s}]$与房间容积$V\,[\text{m}^3]$成正比，与房间吸声量$A\,[\text{m}^2]$成反比。这个混响公式简便而常用。但是，当$\bar{a}$接近1（吸声系数100%）时混响时间就应该接近0了，可是，该公式中分母的$S\bar{a}$正靠近S，因此吸声量大的房间与实际的混响时间就不相符了。

为此，在混响时间的预测上又用上了艾林（Eyring）混响公式，这个公式表示每当声音被房间表面重复反射时都被吸收，能量会衰减下去。设混响时间$T\,[\text{s}]$、房间容积$V\,[\text{m}^3]$、房间表面积$S\,[\text{m}^2]$、常温下的平均吸声系数$\bar{a}$则有下式：

$$T=\frac{0.161V}{-S\log_e(1-\bar{a})}\quad[\text{s}]\qquad(6.3.2)$$

这个公式也表明，混响时间受房间容积、表面积以及室内平均吸声系数的影响。

5 最佳混响时间

由于教堂对音响的庄重、音乐厅对音响的圆润要求，在对长时间混响的追求上推荐以1.5~2.5秒为宜。而电视台播音厅及会议室等场所则更着重于演讲、谈话的声音能听得更清楚。为此，要求混响时间要短，掌握在0.5~1.0秒左右。如果混响时间过长，前面的话音会遮盖后面的话音，清晰度因此下降。最佳混响时间按房间使用目的、音乐类型和房间容积不尽相同，图6.3.4为500Hz条件下的房间容积与最佳混响时间的关系。

另外，住房中的鉴赏音乐用房间、钢琴室等容积较小房间其平均

表6.3.1 房间使用目的与平均吸声系数

	房间使用目的	平均吸声系数
房间	音乐厅	0.20~0.23
	歌剧院	0.25
	剧场	0.30
	礼堂	0.30
	多功能厅	0.25~0.28
演播厅	广播用音乐厅	0.25
	广播用一般厅	0.25~0.35
	广播用播音厅	0.35
	电视台演播厅	0.40
	录音棚	0.35
其他	鉴赏音乐用房间	0.25
	兼做居室的鉴赏音乐房间	0.30
	学校教室	0.25~0.30
	会议室	0.25~0.30
	办公室	0.30
	宴会厅、会场	0.35
	体育馆	0.30

图6.3.4 500Hz的最佳混响时间与房间容积

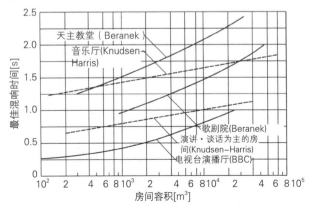

吸声系数的参考基准可视内装修材料的选择而定。表6.3.1为标准房间不同使用目的的平均吸声系数，有关材料种类和特性后面有叙述。混响时间的频率特性依房间用途而不同，但一般情况下希望平直一些。如果频率的凸凹变动太大会带出个别音色，所以不提倡使用，

3. 音响障碍

室内音响部分，不被看好的音响障碍有回声、颤动回声、声音焦点、轰鸣等。这些音响障碍有损声音的清晰度，妨碍音乐的圆润丰满。

1 回声

在音乐厅这类大空间里，如图6.3.5所示，直达声如持续延后50ms以上，形成很大反射声，声音就容易出现双重音现象（回声）。回声和混响是不同的两种现象，回声清晰度很差，会造成音乐的节奏混乱

图6.3.5　回声的形成机理

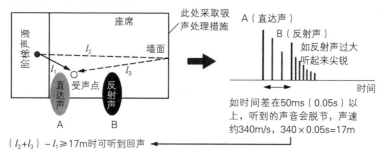

$(l_2+l_3)-l_1 \geqslant 17m$ 时可听到回声

图6.3.6　颤动回声

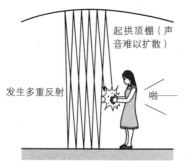

图6.3.7　声音焦点

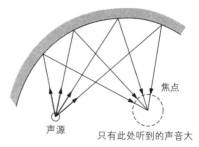

使演奏难以继续。作为对策可将墙面做吸声处理，避免产生大的反射声。反射声的延迟时间如小于50ms，就给直达声以补强的效果，可提高清晰度。

2 颤动回声

空间使用玻璃、混凝土等硬质材料，人处在相互平行的顶棚与地面之间或墙与墙之间这种场合，拍手等声音都会多次反射，听到啪……呼……等这类特殊音色的声音。这种现象叫颤动回声。日光轮王寺有著名的药师堂颤动回声如图6.3.6，那里起拱的顶棚呈凹形表面，声音的反射更为集中所以很容易发生颤动回声。

3 声音的焦点

圆形或椭圆形的墙壁，其较大凹面等有反射性，在有反射声的场所集中后声音异常加大，这样的场所就叫做声音焦点（图6.3.7）。另一方面，声音在小场所（死点）产生还会难以听到。

4 轰鸣

容积小的房间里，有时依尺寸、形状的不同，会使共振频率在低频的同频率上集中（退缩）。此时，房间会发生共振的轰鸣现象。被混凝土等硬质反射性材料环绕的房间也会遇到轰鸣问题。为了避免出现这些障碍，方形房间在长宽高尺寸上要避开1∶2∶4这种倍数比例关系，墙面之间不要平行，让房间整体呈不规则形，再适当做吸声处理。方形房间的长宽高比按照（$\sqrt{5}-1$）∶2∶（$\sqrt{5}+1$）或近似于2∶3∶5的比例关系。

这种房间的内装修材料如图6.3.8所示，以分散配置为宜。考虑借助声音扩散性让房间各方向都能得到同样声响，可将吸声材料和反射

图6.3.8 吸声材料分散配置举例

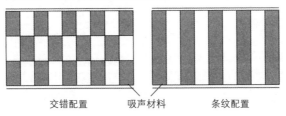

交错配置　　　吸声材料　　　条纹配置

性材料交错使用或不规则配置。一般尺寸在60~180cm的材料排成条纹状，交叉利用其反射性、吸引性，或用千鸟纹、市松花纹（两种颜色相间的方格花纹——译者注）配置。也可以用各种大图案随机配置。与其把吸声材料大面积集中张贴，不如按小面积分割配置更增强总吸声量，而且对反射声的扩散也很有效。

④. 吸声结构的种类及特性

为了调整房间的混响时间、降低噪声，内装修材料应使用各种各样的吸声材料，采用吸声结构。若按吸声结构分类，如图6.3.9所示，大致可分为多孔型吸声、板（膜）振动型吸声、共振器型吸声这三种。

图6.3.9　吸声结构及吸声特性

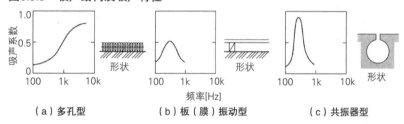

（a）多孔型　　　　　（b）板（膜）振动型　　　　　（c）共振器型

图6.3.10　取决于多孔材料厚度的吸声系数一般倾向（混响室法）

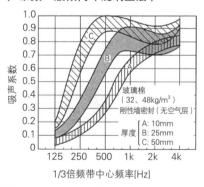

1/3倍频带中心频率[Hz]

图6.3.11　取决于多孔材料背面空气层的吸声系数一般倾向（混响室法）

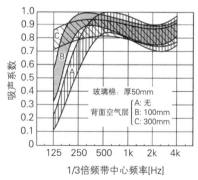

1/3倍频带中心频率[Hz]

1 多孔型吸声

多孔型吸声材料指石棉、玻璃棉、软纤维板、聚氨酯泡沫等多连续气孔的材料。发泡苯乙烯这类含独立气泡但不透气的材料不属于吸声材料。声波通过纤维材料时，在空气分子与纤维摩擦力以及黏性阻力作用下，部分声能在转变为热能的过程中被吸收。吸声特性一般随频率增强，低频性能较差。

图6.3.12　板振动型吸声材料的吸声特性（混响室法）（测定：大成建设技研）

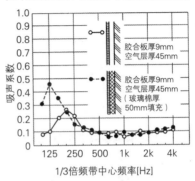

多孔型吸声材料一般紧贴在混凝土这类刚性墙体上，或与刚性墙隔开一定间隙形成空气层再安装。对于长波长的低频为了增强吸声系数就要加大厚度或与刚性墙之间留出一定空隙。图6.3.10显示改变玻璃棉厚度时吸声系数的一般变化倾向。材料越厚低频的吸声系数越高，同样厚度的材料与刚性墙之间留出空隙，形成的空气层越厚低频段吸声效果越好。设声波波长为λ[m]，在离开墙面$\lambda/4$倍的位置上装吸声材料可提高吸声系数。

2 板（膜）振动型吸音

薄胶合板、石膏板等与刚性墙留出一定间隙再安装空气层与板面就会以接近共振频率的声波振动，通过这一振动声能在转换为热能的过程中被吸收。这种吸声特性如图6.3.9（b）所示，低频段接近共振频率出现吸声波峰，而中高频段吸声系数较小。用板状材料做墙体板条等施工时，共振频率在200Hz以下，在低频段的吸声结构上有效。板越薄吸声系数越高，如图6.3.12所示，空气层中如加入多孔材料吸声系数可上升至吸声峰值附近，这时，施工中需注意板条要牢固以免发生振动。

3 共振器型吸声

图6.3.13右图为波长对比之下，小尺寸空洞的开口部声波以共振

频率入射时，颈部空气会激烈振动，摩擦中声能在转换为热能而被吸收。这种就是赫姆霍茨（Helmholtz）共振器。这种共振器在共振频率附近（一般为低频段）只在非常狭窄的频率范围内表现出较大吸声系数。也可以用于抑制室内固有振动的特低频轰鸣。

穿孔板、缝隙板的吸声结构或排列有格子（筋板）的吸声结构，其吸声原理也和共振器一样，可以考虑如图6.3.13左图共振器连续使用。其吸声特性显示以共振频率为中心形成较宽范围的吸声峰值。如果按图6.3.14那样加大背衬空气层，共振频率移向低频，或如图6.3.15

图6.3.13　穿孔板吸声原理（赫姆霍茨共振器）

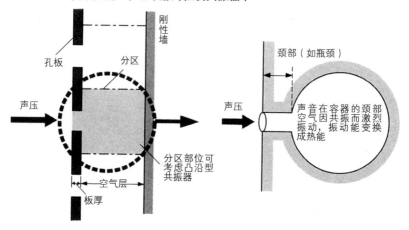

图6.3.14　穿孔板吸声特性（空气层厚度变化时）（测定：大成建设技研）

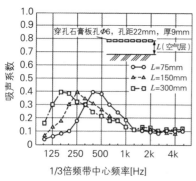

图6.3.15　穿孔板吸声特性（背衬多孔材料时）（测定：大成建设技研）

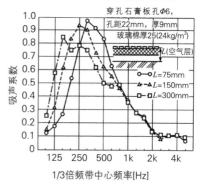

那样在穿孔板背后加多孔材料，可以整体提高吸声系数，最高可达0.8以上。此时，不仅要提高穿孔板的开孔率（板面积中孔洞所占面积的比例）尽量达到20%以上，所用板厚度也要薄一些以便得到较大吸声系数。

整理与练习题

请回答以下问题。[　　]内需要填空，或选择里面的正确选项。

问1　声音就是发出的声响在空气中传播时的[①]，建筑物内部发生的振动传递给建筑物框架，再从墙壁、顶棚等作为声音传播的为[②]。

问2　声波在常温下（15℃）每秒传播340m。频率f=500Hz的声音波长λ=[①]m，周期T=[②]s。

问3　某机器运转中的噪声级L_1=75 dB。机器未运转时的背景噪声L_2=70 dB。机器运转时仅机器的噪声级L=[①]dB.

问4　人的可听范围为频率20~[①]Hz，声压级约0~120 dB。对音量的感觉依声压和频率而不同，同样声压级低频、高频段感觉较小，3000~[②]Hz感觉最大。

问5　噪声级也叫做A特性声压等级，利用近似于上下相反的40phon的[①]，补偿各频率的声，以接近人的耳朵能感觉的声音大小为评价值。

问6　材料、框架的隔声性能用声音透过损失R[dB]表示。散射入射时单层墙的声音透过损失按[①]，如频率或墙的面密度为2倍时，约[②]dB。而墙壁发生折射波，特定频率下的声音透过损失比[①]低的现象叫做[③]。

问7　公共住宅中成问题的地板撞击声有固体传递声、羹匙等落地声这类[①]和孩子来回跑动产生的[②]。作为对策[①]方面使用软质地板装修材料有很好效果。[②]方面地板装修材料效果不明显，采用较厚楼板隔声性能较好。

问8　房间的混响程度用混响时间表示。混响时间就是声能达到[①]所需的时间，声压级降至[②]dB所需的时间。音乐厅要求混响时间长，而追求声音清楚则应该短。

问9　为了调整房间混响时间及噪声的降低，可使用吸声材料或吸声结构。吸声结构有矿棉等多孔材料［①］，胶合板、石膏板等［②］以及赫姆霍茨共振器、穿孔板等［③］3种。

整理与练习题　答案·解说

2章

问1　①太阳高度角约27°，太阳方位角约50°　②约2倍

问2　①可照时间　②日照时间

问3　①日影曲线　②冬至

问4　①终日日影　②永久日影

问5　①纬度　②1.7

问6　①全天日照　②大气透过率

问7　①大　②大到最大

问8　①复层玻璃　②日射热获取率

问9　①从室内侧到室外侧

3章

问1　①明视觉　②普尔金耶效应

问2　①发光强度　②照度　③亮度　④cd ⑤lx　⑥cd/m²

问3　①明视性　②大小　③对比（②与③顺序不同）

问4　①1/7　②采光补偿系数

问5　①色温　②发红　③发蓝

问6　①显色性　②平均颜色评价数

问7　①色相　②明度　③纯度　④非彩色（①与③顺序不同）

问8　①孟塞尔表色系　②XYZ表色系

4章

问1　①气态污染物　②粒子状污染物

问2　①必要换气量　②换气次数

问3　①64.3

解说　　如使用P.89的公式，可做如下计算

$$Q = \frac{0.015 \times 3}{(0.001 - 0.0003)} = 64.3 \; [\text{m}^3/\text{h}]$$

问4　①挥发性有机化合物　②装修综合征　③换气设备的设置

问5　①温差换气（重力换气）　②风力换气　③自然换气（①与②顺序不同）

问6　①7.2

解说　　如使用P.101的公式（4.2.6）及P.99的公式（4.2.2），可做如下计算

$$Q = \alpha A V \sqrt{C_1 - C_2} = \frac{1}{\sqrt{(\frac{1}{2})^2 + (\frac{1}{4})^2}} \times 4 \times \sqrt{0.6 - (-.04)} = 7.2 \; [\text{m}^3/\text{s}]$$

问7　①通风　②气流

5章

问1 ①气温 ②辐射温度 ③湿度 ④气流 ⑤着装量 ⑥代谢量
（①②③④顺序不同，⑤⑥也顺序不同）

问2 ①标准有效温度SET*

问3 ①缝隙风

问4 ①传导 ②对流 ③辐射

问5 ①热传递 ②总传热系数

问6 ①0.967 ②1.03 ③20.6

问7 ①好 ②热容量

问8 ①相对湿度 ②绝对湿度

问9 ①高 ②饱和水蒸气压

问10 ①70 ②露点温度 ③15.5

问11 ①表面结露 ②内部结露

问12 ①室内侧 ②户外侧

6章

问1 ①空气传递声 ②固体传递声

问2 ①0.68 ②0.002

解说 ①$\lambda=340/500=0.68\,\mathrm{m}$ ②$T=1/f=1/500=0.002\,\mathrm{s}$

问3 ①73

问4 ①20000 ②4000

问5 ①等响曲线

问6 ①质量定律 ②5 ③吻合效应

问7 ①地板轻撞击声 ②地板重撞击声

问8 ①$1/10^6$ ②60

问9 ①多孔型吸声 ②板（膜）振动型吸声 ③共振器型吸声

图版出处・参考文献

1章

图 1.1.1 (a) National Oceanic and Atmospheric Administration

图 1.1.1 (b) 乾尚彦

图 1.1.1 (c) 大橋竜太

图 1.1.1 (d) 奮洞考察団

图 1.1.1 (e) 深見奈緒子

图 1.1.1 (f) 飯村和道

图 1.1.2 住まいとインテリア研究会編著『図解住まいとインテリアデザイン』彰国社、2007年

图 1.1.3 合掌造り（白川郷）：岐阜県白川村役場

图 1.1.3 かぶと造り：岡田悟

图 1.1.3 中門造り：秋田県立博物館

图 1.1.3 曲屋、分棟型民家：川崎民家園（撮影：畑拓）

图 1.1.3 高塀造り：鈴木充

图 1.1.3 くど造り：うきは市教育委員会

图 1.1.3 沖縄の民家：Photo by (c)Tomo.Yun (http://www.yunphoto.net)

表 1.2.1 大野秀夫・堀越哲美他『快適環境の科学』朝倉書店、2000年

图 1.2.1、图 1.2.2 田中俊六・武田仁・岩田利枝・土屋喬雄・寺尾道仁『最新建築環境工学 改訂3版』井上書院、2006年をもとに作成

2章

图 2.1.1 宿谷昌則『光と熱の建築環境学』丸善、1983年

图 2.1.2、图 2.1.3、图 2.1.5、图 2.2.1、图 2.2.7 日本建築学会編『日本建築学会設計計画パンフレット 24 日照の測定と検討』彰国社、1977年（一部は原図をもとに加筆）

图 2.1.4、图 2.3.9 環境工学教科書研究会編『環境工学教科書 第二版』彰国社、2003年

图 2.2.5、图 2.2.9 渡辺要『建築計画原論 I』丸善、1962年

图 2.2.6 日本建築学会編『建築環境工学用教材 環境編』1988年

图 2.2.8 日本建築学会編『建築設計資料集成2』丸善、1972年

图 2.3.2、图 2.3.10、图 2.3.11 日本建築学会編『建築設計資料集成1 環境』丸善、1978年

图 2.3.3 倉渕隆『初学者の建築講座 建築環境工学』市ヶ谷出版、2006年

图 2.3.5 藤井正一『住居環境学入門 第三版』彰国社、2002年をもとに作成

图 2.3.6、图 2.3.8 旭硝子技術資料 （http://www.asahiglassplaza.net/catalogue/sougo_gi2010/0023fpg.htm）

3章

图 3.1.1、图 3.1.3、图 3.1.7、图 3.2.3、图 3.2.4、图 3.2.8、图 3.2.10、图 3.3.3、图 3.3.6 加藤信介・土田義郎・大岡龍三『図説テキスト建築環境工学』彰国社、2004年（一部は原図をもとに作図・加筆）

图 3.1.5、图 3.3.7、图 3.3.8 倉渕隆『初学者の建築講座 建築環境工学』市ヶ谷出版、2006年をもとに作成

图 3.1.6 田中俊六・武田仁・岩田利枝・土屋喬雄・寺尾道仁『最新建築環境工学 改訂3版』井上書院、2006年

图 3.1.8、图 3.2.12 日本建築学会編『光と色の環境デザイン』オーム社、2004年をもとに作成

表 3.1.2 建築単位の事典研究会編『建築単位の事典』彰国社、1992年

图 3.1.11 Weymotch,F.W.“Effects of age on visual Acuity”Philadelphia Chilton Book, 1960

图 3.1.12 栗田正一他『新時代に適合する照明環境の要件に関する調査研究報告』照明学会、1985年

图 3.2.1、表 3.2.1、表 3.3.3 日本建築学会編『設計計画パンフレット 30 昼光照明の計画』1985年をもとに作成（图 3.2.1については「伊藤・佐藤・大野」の記述あり。表 3.2.1については「CIE推奨照度：Publication CIE No.29/2（TC-4.1）、1986；JIS Z 9110-1979照度基準；日本建築学会編：設計計画パンフレット 16 採光設計、彰国社、1963、p.12より作成」の記述あり。表 3.3.3については、「松下電工（株）「店舗の照明設備ノウハウ」1982年、CIE屋内照明ガイドより作成」の記述あり）

图 3.2.2 小島武男、中村洋共編『現代建築環境計画』オーム社、1983年をもとに作成

图 3.2.5 日本建築学会編『建築設計資料集成1 環境』丸善、1978年

表 3.2.2 松浦邦男『建築照明』共立出版、1971年

图 3.2.7、图 3.3.4 照明学会編『照明ハンドブック 第2版』オーム社、2003年をもとに作成

图 3.2.11 日本建築学会編『建築法規用教材』丸善、2006年

图 3.2.14 ラフォーレエンジニアリングシステム提供

图 3.3.1 小宮容一『図解インテリア構成材 - 選び方・使い方』オーム社、1987年（LEDランプについては大内孝子が加筆）

表 3.3.1、表 3.3.2 日本建築学会編『建築設計資料集成1 環境』丸善、1978年、東芝資料などより作成

图 3.3.2 日本建築学会編『昼光照明デザインガイ

ド―自然光を楽しむ建築のために』技法堂、2007年

図3.3.5　住まいとインテリア研究会編著『図解住まいとインテリアデザイン』彰国社、2007年

図3.3.9　日本建築学会編『Q&A 高齢者の住まいづくりひと工夫』中央法規、2006年

図3.4.1　大井義雄・川崎秀昭『カラーコーディネーター入門　色』日本色研事業、1996年

図3.4.9　槙究提供

4章

図4.1.1、図4.1.2、図4.2.1、図4.2.4、図4.2.5、図4.2.6、図4.2.8、図4.2.9、図4.2.12　加藤信介・土田義郎・大岡龍三『図説テキスト建築環境工学』彰国社、2004年（一部は原図をもとに作図・加筆）

表4.1.1　厚生省環境衛生局企画課監修『空調設備の維持管理指針（空気環境管理のために）』ビル管理教育センター、1982年

表4.1.2、表4.1.4、表4.1.6、図4.2.16　藤井正一『住居環境学入門　第三版』彰国社、2002年

表4.1.3　Environment and Quality of Life,Report No.7"Indoor Air Pollution by Form Aldehyde in European Countries"1990

図4.1.3　日本建築設備安全センター編『新訂　換気設備技術基準・同解説』1983年

図4.1.4、表4.1.7　日本建築学会編『建築法規用教材』丸善、2006年

図4.1.5　田中俊六・武田仁・岩田利枝・土屋喬雄・寺尾道仁『最新建築環境工学　改訂3版』井上書院、2006年

図4.1.6　国土交通省住宅局「快適で健康的な住宅に暮らすために」をもとに作成
（http://www.mlit.go.jp/jutakukentiku/build/sickhouse.files/sickhouse_2.pdf）

図4.2.2　倉渕隆『初学者の建築講座　建築環境工学』市ヶ谷出版、2006年をもとに作成

図4.2.3　日本建築学会編『設計計画パンフレット18　換気設計』彰国社、1976年

図4.2.13　換気マニュアル作成委員会「シックハウス対策のための住宅の換気設備マニュアル」別冊「住宅の換気設計事例集」ベターリビング
（http://www.cbl.or.jp/info/file/kanki-j1.pdf）

図4.2.14　住まいとインテリア研究会編著『図解住まいとインテリアデザイン』彰国社、2007年をもとに作成

図4.2.15　R.H.Reed"Design for Natural Ventilation in Hot Humid Weather"Tex.Eng. Experi.Stat.Reprint,1953

5章

図5.1.2　環境工学教科書研究会編『環境工学教科

書　第二版』彰国社、2003年をもとに作成

図5.1.3　日本建築学会編『建築設計資料集成1　環境』丸善、1978年をもとに作成

図5.1.4　南野脩、IBEC,No.34,住宅・建築省エネルギー機構、1986年をもとに作成

図5.1.5、図5.2.1、図5.3.7、図5.3.9　加藤信介・土田義郎・大岡龍三『図説テキスト建築環境工学』彰国社、2004年をもとに作成

図5.1.6　空気調和・衛生工学会編著『新版　快適な温熱環境のメカニズム　豊かな生活空間をめざして』丸善、2006年

表5.1.2　「健康で快適な温熱環境を保つための提案水準」建設省住宅局、1991年

図5.2.2、図5.2.6　田中俊六・武田仁・岩田利枝・土屋喬雄・寺尾道仁『最新建築環境工学改訂3版』井上書院、2006年をもとに作成

表5.2.1　空気調和・衛生工学会編『空気調和衛生工学便覧　第11版　Ⅱ巻』1987年

図5.2.3、図5.2.9、図5.2.10、図5.3.10、図5.3.11、図5.3.12　倉渕隆『初学者の建築講座　建築環境工学』市ヶ谷出版、2006年（一部は原図をもとに加筆）

表5.2.4　田中俊六・武田仁・岩田利枝・土屋喬雄・寺尾道仁『最新建築環境工学　改訂3版』井上書院、2006年

図5.3.4　空気調和・衛生工学会編『空気調和衛生工学便覧　第14版　Ⅰ巻』丸善、2010年をもとに作成

図5.3.5、図5.3.6　空気調和・衛生工学会編『健康に住まう家づくり』オーム社、2004年

図5.3.8　辻原万規彦監修『図説やさしい建築環境』学芸出版社、2009年

図5.3.13、図5.3.14　衛生微生物研究センター提供

6章

図6.1.2　公害防止の技術と法規編集委員会編『新・公害防止の技術と法規2010』丸善、2010年

図6.1.4、図6.1.5、図6.1.6　P.H.リンゼイ、D.A.ノーマン『情報処理心理学入門Ⅰ感覚と知覚　第2版』サイエンス社、2002年（Peter H. Lindsay & Donald A. Norman "Human Information Processing An Introduction to Psychology"(2nd Edition), Academic Press Inc. New York, 1977)

図6.1.8　Stevens, Volkmann"Am.J.Psychol.53"1940

図6.1.9　黒木総一郎『現代心理学大系　聴覚の心理学』共立出版、1964年

図6.1.10　環境工学教科書研究会編『環境工学教科書　第二版』彰国社、2003年

図6.1.11　E. Zwicker,"Psychoakustik"Springer-Verlag,1982

図6.1.15、表6.2.1、図6.2.11、図6.3.1、図6.3.2、図6.3.3、図6.3.5、図6.3.6、図6.3.7　加藤信介・土田義郎・大岡龍三『図説　テキスト建築環境工学』彰国社、2004年

図6.1.16　〈建築テキスト〉編集委員会編『初めての建築環境』学芸出版社、2003年

図6.1.17　前川純一『障壁の遮音設計に関する実験的研究』日本音響学会誌、Vol.18,No.4 および、山下充康、子安勝「線状音源に対する障壁の減音効果　模型実験による検討」日本音響学会誌、Vol.29, No.4

図6.1.18、図6.1.19、表6.2.4、図6.2.8、図6.2.12、図6.3.4　日本建築学会編『建築設計資料集成1　環境』丸善、1978年

表6.2.2、図6.2.4　公害防止の技術と法規編集委員会編『新・公害防止の技術と法規2010』丸善、2010年(なお表6.2.2は「出典：吉田」の記述あり)

表6.2.3、図6.2.5　前川純一・岡本圭弘『誰にもわかる音環境の話　騒音防止ガイドブック改定2版』共立出版、2003年をもとに作成

図6.2.6　Schult,T.J."Noise-Criterion Curves for Use with the USASI Preferred Frequencies"

図6.2.9、図6.2.10、図6.2.13、図6.2.14、図6.3.12、図6.3.14、図6.3.15　日本建築学会編『建築環境工学用教材　環境編』丸善、1988年

表6.2.8、表6.2.9　日本建築学会編『建築物の遮音性能基準と設計指針　第二版』技報堂出版、1997年

図6.2.15　日本建築学会編著『音響材料の特性と選定』丸善、1997年

図6.2.17　平野滋『わかりやすいマンションの防音設計』オーム社、2001年(大林組技術研究所資料)

表6.2.10　日本騒音制御工学会編『振動規制の手引き』技報堂出版

図6.2.19　空気調和・衛生工学会編『給排水設備における騒音・振動低減設計・施工』(騒音・振動低減方法小委員会報告書)1995年

図6.2.20、図6.2.22、表6.3.1、図6.3.8　日本建築学会編『設計計画パンフレット4　建築の音建築設計〈新訂板〉』彰国社、1983年

図6.2.21　日本騒音制御工学会編『建築設備の防振設計』技報堂出版、1999年

図6.3.9　前川純一『建築・環境音響学』共立出版、1990年

図6.3.10、図6.3.11　日本音響材料協会編『騒音・振動対策ハンドブック』技報堂出版、1982年

図6.3.13　日本音響学会編『音響工学講座3　建築音響』コロナ社、2001年をもとに作成